U0196220

编 委 会

高职高专项目导向系列教材

燃料油生产技术

李　杰　孙晓琳　主编

化学工业出版社

·北京·

本教材是根据高等职业教育以服务为宗旨，以就业为导向，将"教、学、做"融为一体的工学结合模式编写的。全书共分为五个学习情境：直馏汽油、煤油、柴油的生产，焦化汽油、柴油的生产，催化汽油、柴油的生产，加氢汽油、煤油、柴油的生产，重整汽油的生产，各学习情境下还有分任务。在全书编写过程中始终遵循石油化工生产技术专业人才培养目标与培养规格要求，并且渗透燃料油生产工国家职业标准以及学生就业面向的职业岗位的职责。

　　本书可作为高职高专或成人教育炼油技术专业教材使用，也可供炼油行业从事教育、科研、设计及生产技术、管理人员阅读参考。

图书在版编目（CIP）数据

燃料油生产技术/李杰，孙晓琳主编. —北京：化学
工业出版社，2012.6（2018.5 重印）
高职高专项目导向系列教材
ISBN 978-7-122-14242-9

Ⅰ. 燃… Ⅱ.①李…②孙… Ⅲ. 燃料油-生产工艺-
教材 Ⅳ.TE626.2

中国版本图书馆 CIP 数据核字（2012）第 093712 号

责任编辑：张双进 窦 臻　　　　　　　　　文字编辑：李 玥
责任校对：洪雅姝　　　　　　　　　　　　装帧设计：刘丽华

出版发行：化学工业出版社（北京市东城区青年湖南街 13 号　邮政编码 100011）
印　　装：大厂聚鑫印刷有限责任公司
787mm×1092mm　1/16　印张 8¾　字数 212 千字　2018 年 5 月北京第 1 版第 2 次印刷

购书咨询：010-64518888（传真：010-64519686）　　售后服务：010-64518899
网　　址：http://www.cip.com.cn
凡购买本书，如有缺损质量问题，本社销售中心负责调换。

定　　价：26.00 元　　　　　　　　　　　　　　　　版权所有　违者必究

序

辽宁石化职业技术学院是于 2002 年经辽宁省政府审批,辽宁省教育厅与中国石油锦州石化公司联合创办的与石化产业紧密对接的独立高职院校,2010 年被确定为首批"国家骨干高职立项建设学校"。多年来,学院深入探索教育教学改革,不断创新人才培养模式。

2007 年,以于雷教授《高等职业教育工学结合人才培养模式理论与实践》报告为引领,学院正式启动工学结合教学改革,评选出 10 名工学结合教学改革能手,奠定了项目化教材建设的人才基础。

2008 年,制定 7 个专业工学结合人才培养方案,确立 21 门工学结合改革课程,建设 13 门特色校本教材,完成了项目化教材建设的初步探索。

2009 年,伴随辽宁省示范校建设,依托校企合作体制机制优势,多元化投资建成特色产学研实训基地,提供了项目化教材内容实施的环境保障。

2010 年,以戴士弘教授《高职课程的能力本位项目化改造》报告为切入点,广大教师进一步解放思想、更新观念,全面进行项目化课程改造,确立了项目化教材建设的指导理念。

2011 年,围绕国家骨干校建设,学院聘请李学锋教授对教师系统培训"基于工作过程系统化的高职课程开发理论",校企专家共同构建工学结合课程体系,骨干校各重点建设专业分别形成了符合各自实际、突出各自特色的人才培养模式,并全面开展专业核心课程和带动课程的项目导向教材建设工作。

学院整体规划建设的"项目导向系列教材"包括骨干校 5 个重点建设专业(石油化工生产技术、炼油技术、化工设备维修技术、生产过程自动化技术、工业分析与检验)的专业标准与课程标准,以及 52 门课程的项目导向教材。该系列教材体现了当前高等职业教育先进的教育理念,具体体现在以下几点:

在整体设计上,摒弃了学科本位的学术理论中心设计,采用了社会本位的岗位工作任务流程中心设计,保证了教材的职业性;

在内容编排上,以对行业、企业、岗位的调研为基础,以对职业岗位群的责任、任务、工作流程分析为依据,以实际操作的工作任务为载体组织内容,增加了社会需要的新工艺、新技术、新规范、新理念,保证了教材的实用性;

在教学实施上,以学生的能力发展为本位,以实训条件和网络课程资源为手段,融教、学、做为一体,实现了基础理论、职业素质、操作能力同步,保证了教材的有效性;

在课堂评价上,着重过程性评价,弱化终结性评价,把评价作为提升再学习效能的反馈工具，保证了教材的科学性。

目前，该系列校本教材经过校内应用已收到了满意的教学效果，并已应用到企业员工培训工作中，受到了企业工程技术人员的高度评价，希望能够正式出版。根据他们的建议及实际使用效果，学院组织任课教师、企业专家和出版社编辑，对教材内容和形式再次进行了论证、修改和完善，予以整体立项出版，既是对我院几年来教育教学改革成果的一次总结，也希望能够对兄弟院校的教学改革和行业企业的员工培训有所助益。

感谢长期以来关心和支持我院教育教学改革的各位专家与同仁，感谢全体教职员工的辛勤工作，感谢化学工业出版社的大力支持。欢迎大家对我们的教学改革和本次出版的系列教材提出宝贵意见，以便持续改进。

辽宁石化职业技术学院　院长

2012 年春于锦州

前 言

　　《燃料油生产技术》是石油化工生产技术专业的专业核心课程，其专业性、综合性、应用性、实践性都很强，是一门理论指导实践、实践依赖理论、理论与实践融为一体的课程。

　　本课程是在《化工单元操作技术》、《石油及产品分析》等课程的基础上开设的，主要任务是培养学生识读、绘制装置工艺流程的能力以及在实际装置摸查流程的能力；能看懂操作规程；会装置的冷态开车、正常操作、正常停车和故障处理操作（在装置仿真软件上）。因此，本课程对提高学生综合分析和解决问题的能力，强化学生的实践技能，培养学生的职业能力和素养，实现燃料油生产高级工的培养目标起到支撑和促进作用，并为后续的毕业实训和未来的工作奠定基础。

　　本教材中教学内容的设计以石化公司为依托；以炼油生产装置为教学载体；以炼油生产装置的岗位操作为具体的工作任务，在完成工作任务过程中实现汽油、煤油、柴油的生产。把原来系统的理论知识打散，分散到岗位操作法中讲，用什么就讲什么，打破了原来的学科体系。

　　本教材以汽油、煤油、柴油生产为主线，介绍原油的一次加工和二次加工过程。依据真实工作情境设计学习情境，以熟悉工艺流程和主要设备构造、作用→理解工艺原理→掌握岗位操作规程→完成装置开车、停车操作和故障处理操作（在装置仿真软件上）为教学流程，根据教学流程构建教学内容。使学生在完成工作任务的过程中学习相关的理论知识，构建工作过程为主线的学习过程。

　　本书由辽宁石化职业技术学院李杰（学习情境1、3、4）、孙晓琳（学习情境5）、国玲玲（学习情境2）编写。由李杰、孙晓琳统稿。

　　由于编者水平有限，难免存在不妥之处，望读者海涵，并敬请多提意见。

编　者

2012 年 5 月

目 录

◆ **学习情境1　直馏汽油、煤油、柴油的生产**　　　　　　　　1

　任务1　认识原油蒸馏装置和流程 …………… 1　　　任务4　减压蒸馏操作 ………………………… 23
　任务2　电脱盐操作 …………………………… 7　　　任务5　常减压蒸馏装置——冷态开车仿真
　任务3　常压蒸馏操作 ………………………… 15　　　　　　　操作 ………………………………… 29

◆ **学习情境2　焦化汽油、柴油的生产**　　　　　　　　　　32

　任务1　认识延迟焦化装置和流程 ………… 32　　　任务3　分馏操作 …………………………… 41
　任务2　延迟焦化反应与操作 ……………… 35　　　任务4　延迟焦化装置仿真操作 …………… 44

◆ **学习情境3　催化汽油、柴油的生产**　　　　　　　　　　46

　任务1　认识催化裂化装置和流程 ………… 46　　　任务5　热工岗的操作 ……………………… 73
　任务2　催化裂化反应与操作 ……………… 51　　　任务6　催化裂化装置——再生部分冷态
　任务3　分馏操作 …………………………… 63　　　　　　　开车仿真操作 …………………… 76
　任务4　吸收稳定操作 ……………………… 67

◆ **学习情境4　加氢汽油、煤油、柴油的生产**　　　　　　　79

　任务1　认识加氢裂化装置和流程 ………… 79　　　任务3　分馏操作 …………………………… 92
　任务2　加氢裂化反应与操作 ……………… 84　　　任务4　加氢裂化装置仿真操作 …………… 95

◆ **学习情境5　重整汽油的生产**　　　　　　　　　　　　　98

　任务1　认识重整装置和流程 ……………… 98　　　任务5　芳烃精馏操作 ……………………… 123
　任务2　原料预处理操作 …………………… 104　　　任务6　催化重整装置——重整反应单元冷态
　任务3　重整反应与操作 …………………… 108　　　　　　　开车仿真操作 …………………… 126
　任务4　芳烃抽提操作 ……………………… 118

参考文献 ……………………………………………………………………………………………… 129

直馏汽油、煤油、柴油的生产

【学习情境描述】

原油蒸馏是指用蒸馏的方法将原油分离成不同沸点范围油品（称为馏分）的过程。其目的是将原油这种极其复杂的混合物按其沸点的不同进行分割，然后按制定的产品方案进一步生产相关产品（见图 1-1）。所以，原油蒸馏装置的处理能力，代表炼厂规模，也是一个国家炼油工业发展水平的标志。

原油常减压蒸馏作为原油的一次加工工艺，在原油加工总流程中占有重要作用，在炼厂具有举足轻重的地位。生产装置通常包括原油预处理（电脱盐）、常压蒸馏、减压蒸馏三个工序。因此，常减压生产车间主要有脱盐岗位、常压岗位、减压岗位。通过此学习情境，学习者应在熟悉流程的基础上，能在常减压蒸馏装置的仿真软件上完成装置的开、停工及岗位的正常调节控制和异常处理操作。

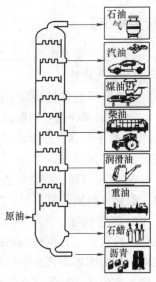

图 1-1 石油馏分的主要产品

任务 1 认识原油蒸馏装置和流程

【任务介绍】

小张被分到某石化公司蒸馏车间，经过一个月的岗前培训来到车间报到，车间主任安排王师傅教他上岗知识。王师傅告诉他，你想成为一名合格的常减压蒸馏操作工必须先熟悉流程。常减压蒸馏生产装置如图 1-2 所示。对于流程的学习，王师傅给出了以下学习要点：

① 清楚所加工原油的性质；

② 蒸馏产物是什么；

③ 此工艺涉及哪些单元操作，对应的设备有哪些；

④ 装置由哪几部分组成；

⑤ 看懂原则流程；

⑥ 最后画出原则流程框图。

图 1-2 常减压蒸馏生产装置

知识目标：了解原油蒸馏装置组成及各部分的任务；熟悉原油蒸馏方法及蒸馏产品。

能力目标：能找出流程中涉及的单元构成；能讲清生产工艺流程；会画生产装置的原则流程框图。

【任务分析】

工艺流程是掌握各种加工过程的基础，作为合格的燃料油生产工，只有在熟悉工艺流程的基础上才可以进行装置的操作、条件的优化，才能生产出高质量的产品。

王师傅根据自己的实际工作经验，给小张设计了一个学习流程的具体方案：认识装置→认识流程→识读流程→绘制出原则流程框图。

【相关知识】

一、生产装置组成与工艺流程

1. 生产装置

生产装置通常包括以下三个工序。

① 原油预处理：即脱除原油中的水和盐；

② 常压蒸馏：在接近常压下蒸馏出汽油、煤油（或喷气燃料）、柴油等直馏馏分，塔底残余物为常压渣油；

③ 减压蒸馏：使常压渣油在 8kPa 左右的绝对压力下蒸馏出重质馏分油作为润滑油原料、裂化原料或裂解原料，塔底残余物为减压渣油。

2. 工艺流程

三段汽化工艺流程如图 1-3 所示。经过严格脱盐脱水的原油换热到 230～240℃，进入初馏塔，从初馏塔塔顶分出轻汽油或催化重整原料油，其中一部分返回塔顶作顶回流。初馏塔侧线不出产品。初馏塔底油称作拔头油经一系列换热后，再经常压炉加热到 360～370℃进入常压塔，它是原油的主分馏塔，在塔顶冷回流和中段循环回流作用下，从汽化段至塔顶温度逐渐降低，组分越来越轻，塔顶蒸出汽油。常压塔通常开 3～5 根侧线，煤油（喷汽燃料与灯煤）、轻柴油、重柴油和变压器原料油等组分则呈液相按密度大小依次馏出，这些侧线馏分经汽提塔汽提出轻组分，闪点合格后，经泵抽出，与原油换热，回收一部分热量，再冷

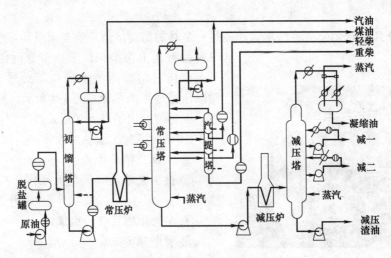

图 1-3 三段汽化工艺流程

却到一定温度才送出装置。

常压渣油用泵抽出送至减压炉，加热至 395℃ 左右进入减压塔。塔顶分出不凝气和水蒸气，进入冷凝器。经冷凝冷却后，用二～三级蒸气抽空器抽出不凝气，维持塔内残压 0.027～0.1MPa，以利于馏分油充分蒸出。减压塔一般设有 4～5 根侧线，与原油换热并冷却到适当温度送出装置。减压渣油经泵升压后与原油换热回收热量，再经适当冷却后送出装置，或不经冷却直接做下游装置的热进料。

二、回流的作用与方式

1. 回流的作用

塔内回流的作用一是提供塔板上的液相回流，造成气液两相充分接触，达到传热、传质目的；另一个重要的作用，就是取走塔内多余的热量，维持全塔热平衡，以控制、调节产品的质量。

2. 回流的方式

根据回流的取热方式不同，回流可分为冷回流、热回流、循环回流等形式。如图 1-4 所示。

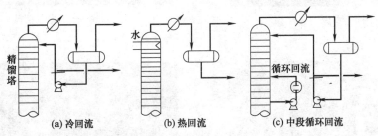

图 1-4　回流的方式

冷回流是用塔顶气相馏出物以过冷液体状态打入塔顶的。塔顶冷回流是控制塔顶温度、保证产品质量的重要手段。冷回流入塔后，吸热升温、汽化，再从塔顶蒸出。其吸热量等于塔顶回流取热，回流热一定时，冷回流温度越低，需要的冷回流量就越少。但冷回流的温度受冷却介质、冷却温度的限制。冷却介质用水时，冷回流的温度一般不低于冷却水的最高出口温度，常用的汽油冷回流温度一般为 30～45℃ 之间。

热回流在塔顶装有部分冷凝器，将塔顶蒸气部分冷凝成液体作回流，回流温度与塔顶温度相同（为塔顶馏分的露点），它只吸收汽化潜热，所以，取走同样的热量，热回流量比冷回流量大。热回流也可有效地控制塔顶温度，适用于小型塔。

上面两种回流都是从塔顶取出全部回流热，由于塔顶馏出物的温度低，低温位的热量难以回收利用。同时，需要庞大的冷却设备，还消耗大量的冷却水，并且造成塔内上下气液负荷很不均匀。为了改变这种状况，生产中广泛采用中段循环回流或塔底循环回流。

将液体从侧线或塔底抽出，经换热冷却后，重新送回抽出板的上方一块或几块塔板作回流，这种回流称为循环回流。

【任务实施】

一、入厂安全教育

刚入厂人员应首先接受安全教育，从理论上认识到安全操作的重要性。

二、穿戴工作服饰

穿好防静电工作服、鞋，戴安全帽。

三、现场认识生产装置

1. 清楚生产装置

清楚生产装置包括原油预处理（原油电脱盐）、常压蒸馏、减压蒸馏三道工序，然后对这三部分一一认识。

2. 熟悉每道工序主体设备

应熟悉每道工序的主体设备，图1-5～图1-8列出了常见原油泵、电脱盐罐、蒸馏塔和加热炉四种设备。

图 1-5　原油泵

图 1-6　电脱盐罐

图 1-7　蒸馏塔

图 1-8　加热炉

四、认识流程

1. 熟悉脱盐流程

找到原油泵进口、出口。找到脱盐罐进口、出口及注水、注破乳剂的位置，换热器管、壳程。弄清装置处理原油的产地、该产地原油的性质。

2. 熟悉常压蒸馏流程

找到常压塔的进料位置，产物的抽出位置。弄清原油经过常压蒸馏得到的产物及产物的去向。

3. 熟悉减压蒸馏流程

找到减压塔进料位置、产物抽出位置。弄清原油经过减压蒸馏得到的产物及产物的去向。

4. 熟悉工艺流程

如图1-9所示，按箭头熟悉工艺流程。

五、识读原则流程

应能按照流程叙述全部工艺过程。

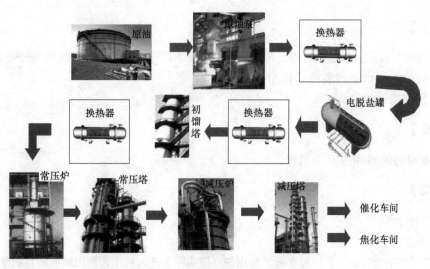

图 1-9 三段汽化工艺过程

六、绘制原则流程框图

先画主要设备，摆好位置，然后再连线，完成工艺流程框图（见图 1-10）。

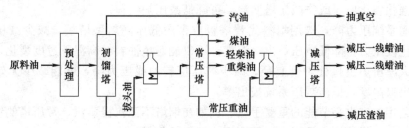

图 1-10 三段汽化工艺流程框图

【考核评价】

将考核评价填入表 1-1。

表 1-1 认识原油蒸馏装置和流程学习评价

学习目标	评价项目	评价标准	评价			
			优	良	中	差
认识生产装置主要单体设备	塔	说出现场的生产装置有几个塔，如何称谓，有何作用				
	加热炉	说出现场的生产装置有几个炉子，各自名称，大体构造和作用				
认识生产装置的单元组成	原油预处理的任务	说明原油预处理的任务				
	常压蒸馏的任务	说明常压蒸馏的任务				
	减压蒸馏的任务	说明减压蒸馏的任务				
能绘制工艺流程框图	预处理部分	原油经过泵送换热器到脱盐装置脱盐脱水				
	常压蒸馏部分	脱后原油去常压蒸馏塔蒸馏，经蒸馏后得几个产物，各自名称				
	减压整理部分	常压塔底重油去减压蒸馏塔蒸馏，经蒸馏后得到产物的名称，去向				
综合评价						

评价人：

【归纳总结】

① 原油蒸馏装置由原油预处理、常压蒸馏、减压蒸馏三部分组成，总结每部分完成的任务；
② 装置的主体设备的名称及作用；
③ 流程框图的绘制。

【拓展训练】

原则流程的绘制训练（上机操作）。

【知识拓展】

一、节能途径

1. 减少工艺用能

工艺总用能是指完成工艺过程实际上所用的（即实际上进入到工艺利用环节的）能量的总和。

提高初馏塔、常压塔拔出率，减少过汽化率，这样就可以减少加热炉热负荷和混合物的分离功，降低有效能损耗。减少常压塔顶冷凝冷却系统流动阻力，降低塔顶压力，有助于提高常压塔的拔出率。在保证常压最下线产品质量合格的条件下尽量减少过汽化率，或把过汽化油抽出作催化裂化原料或作减压塔回流，可降低减压炉负荷。

降低蒸馏系统压力降，选用填料代替塔板或采用低压降新型塔板，减少减压塔内压力降，降低汽化段压力，降低减压炉出口温度，不仅能避免油料在高温下过度裂化，而且有利于节能。扩大减压炉出口处炉管直径，减少减压塔转油线压力降，就能减少无效的压力损失，降低炉出口温度，提高减压系统拔出率。

减少工艺用蒸汽也是节能的重要手段。例如初馏塔不注汽提蒸汽，常压塔侧线产品用重沸器代替水蒸气汽提控制产品闪点，采用干式减压操作等。

2. 提高能量转换和传输效率

提高加热炉热效率是节能的重要方面，因为加热炉燃料能耗一般占装置能耗 70% 左右，炉效率提高，装置能耗明显下降。据报道，增设空气预热可使炉效率提高 10% 左右，可以在烟道出口设预热器，对炉子燃烧使用的空气预热，回收烟气能量。其他如搞好炉壁保温，降低炉壁温度，减少散热损失，限制加热炉内过剩空气系数等都是行之有效的措施。

调整机泵，选择合适电机，以减少泵出口阀门截流压头损失。或采用调速电机，减少电能损耗。变频电机作为成熟技术，尤其在常减压装置上使用已收到明显效果。

提高减压抽真空系统效率，减少工作蒸汽用量。采用低压蒸汽抽空器，充分利用能级低的蒸汽，节省能级高的蒸汽。

3. 提高热回收率

调整分馏塔回流取热比例，尽量采用中段回流，减少塔顶回流，提高取热温位。优化换热流程，提高原油换热量和换热后温度，降低产品换热后温度。

合理利用低温热量包括塔顶油气，常压塔一侧线产品及各高温油品换热后的低温位热源的热量，可考虑与低温原油、软化水等换热或产生低压蒸汽。

采取产品热出料，例如减压馏分油和渣油换热后不经冷却送下道工序作为热进料。

二、常减压蒸馏装置的换热系统

为了使分馏过程得以进行，需要供给进塔油料大量热能。蒸馏装置换热系统的作用就是回收产品的余热来加热原油，减小加热炉热负荷，达到降低装置能耗的目的。

要设计完善的换热方案是一个很复杂的问题，除影响固定投资外，提高换热量可以降低燃料与冷却水用量，但却有可能过多地增加冷、热流的流动压力降，增加机泵的耗电量。因而牵涉面广，需要考虑的因素多。主要有以下几个方面。

① 完善的换热流程应该是热回收率高、原油换热后温度高，传热系数高、换热强度适当，系统压力降较小、操作和检修方便。

热回收率是指装置中换热回收的热量与换热、冷却热量和之比值。一般地说，热回收率高，设备投资较大，操作费用降低。

② 合理地安排换热顺序，是制订换热流程时必须慎重考虑的一个问题。

一般地说，总是将冷流先与温度较低的热源换热，然后再与温度较高的换热，但要考虑热源的热容量及温位情况。热源的温位是指热源温度高低，热容量则是流体的流率与其焓值的乘积。对于热容量较小的热源，由于在换热过程中温度下降很快，出口端温差小。因此，虽然其温位较高也应安排在较前面与冷流换热。对于热容量大，温位又高的热源如减压渣油等，应该分几次换热。在经济合理的前提下，热流换热后进冷却器前的温度应尽可能低，一般不应大于130℃（国外装置要求≤121℃）。

利用温位图图示法能够方便而又直观地安排换热流程，如图 1-11 所示。温位图横坐标为原油的累计热负荷（或总热容量），纵坐标为温度。先画好原油热负荷随原油温度变化的曲线，再相应地画上每个热源的温位线。为了减少换热系统流动压降，可以将原油分为多路换热，此时应按每路分别绘制温位图。对于三段汽化常减压蒸馏装置有两种类型的换热流程：一是将原油依次与所有热源换热，尽量提高原油入初馏塔温度。二是适当控制原油换热后温度送入初馏塔，然后使初馏塔底拔头原油再与较高温位的热源换热。前者若处理大庆原油，由于原油入初馏塔温度高，塔顶重整原料含砷量也较高。

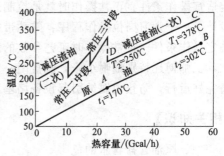

图 1-11　换热流程温位图
(1cal＝4.1868J)

③ 蒸馏装置换热流程的管壳程流体介质的选择，可按一般原则确定，例如容易结垢的介质走管程，温度、压力很高的介质也宜走管程。在没有特殊要求的情况下，主要着眼提高传热系数和获得适宜的压力降。例如流体在壳程内流动易达到湍流，因而选黏度高或流量小的流体走壳程。据生产现场资料统计，原油和拔头油多走壳程，尤其是与减压渣油或油浆换热时均走壳程。

④ 其他如自用燃料用热渣油可不换或部分换热，全面利用热源不仅与原油换热而且发生蒸汽或其他供热，以及采用传热系数高的新型换热器，采用防垢剂以保持换热设备的传热效率等都是与换热流程确定和充分发挥其节能作用有关的问题。

任务 2　电脱盐操作

【任务介绍】

小张经过一段时间的刻苦学习，对工艺流程已经很熟了，这时王师傅告诉他，现在你可以学习岗位操作了，就从脱盐岗开始吧。师傅对于电脱盐岗操作的学习，给小张指出了学习要点：
　　① 能在原则流程上找出控制点的位置并能画出控制回路；
　　② 熟悉主体设备的组成、大体构造及作用；
　　③ 熟悉工艺条件；
　　④ 清楚岗位操作原则及工艺参数的控制手段和调节方法。
　　知识目标：了解电脱盐设备的构造；熟悉脱盐部分带控制点的工艺流程；熟悉电脱盐的方法、原理；熟悉腐蚀类型、原因及防腐措施；熟悉影响脱盐效果的因素。
　　能力目标：能分析设备和管线腐蚀原因，确定防腐措施；能根据影响因素分析，确定电脱盐的操作条件；能在常减压蒸馏装置仿真软件上依据操作规程进行电脱盐的正常操作和异常处理。

【任务分析】

　　原油中的水和盐会影响原油的加工过程和产品质量等，因此必须在原油加工之前进行脱盐脱水。若想提高脱盐脱水效果，就要知道影响电脱盐效率的因素。经过影响因素分析，确定适宜操作条件。正常操作时就是控制这些参数稳定，以保证产品质量合格。王师傅给小张设计了一个学习岗位操作程序：熟悉带控制点的工艺流程和主体设备→分析操作影响因素→确定操作条件→正常操作时工艺参数的调节→异常现象的分析与处理。
　　王师傅还特别嘱咐小张，脱盐岗一定要考虑设备和管线的防腐问题。防腐措施是保证设备完好运行，防止由腐蚀引起设备堵塞和泄漏，从而保证生产安全进行的必要举措。

【相关知识】

一、原油含盐含水的危害

　　原油含水过多会造成蒸馏塔操作不稳定，严重时甚至造成冲塔事故，含水多增加了热能消耗，增大了冷却器的负荷和冷却水的消耗量。原油中的盐类一般溶解在水中，这些盐类的存在对加工过程危害很大，主要表现在：
　　① 在换热器、加热炉中，随着水的蒸发，盐类沉积在管壁上形成盐垢，降低传热效率，增大流动压降，严重时甚至会堵塞管路导致停工；
　　② 造成设备腐蚀，如果系统有硫化物存在，则腐蚀会更严重；
　　③ 原油中的盐类在蒸馏时，大多残留在渣油和重馏分中，将会影响石油产品的质量，对二次加工形成威胁。

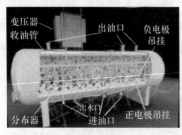
图 1-12　电脱盐罐脱盐脱水原理

二、电脱盐的基本原理

　　水在原油中主要是以乳化态存在，特别是油包水型的乳化液。进行脱盐脱水时，首先在原油中注入破乳剂破乳，然后再注入一定量的水（注水量一般为原油加工量的5%），充分混合，溶解盐类。在高压电场的作用下，使含盐微小水滴逐步聚集成较大水滴，借重力使水从油中沉降分离，达到脱盐脱水的目的，这通常称为电化学脱盐脱水过程（见图1-12）。
　　原油乳化液通过高压电场时，在分散相水滴上形成感应电荷，带有正、负电荷的水滴在作定向位移时，相互碰撞而合成大水滴，加速沉降。
　　水滴直径愈大，原油和水的相对密度差愈大，温度愈高，原油黏度愈小，沉降速度愈快。在这些因素中，水滴直径和油水相对密度差是关键，当水滴直径小到使其下降速度小于原油上升速度时，水滴就不能下沉，而随油上浮，达不到沉降分离的目的。

【任务实施】

一、熟悉电脱盐部分工艺流程

电脱盐部分工艺流程见图1-13，从该流程中找出自控阀、现场手阀、控制点。

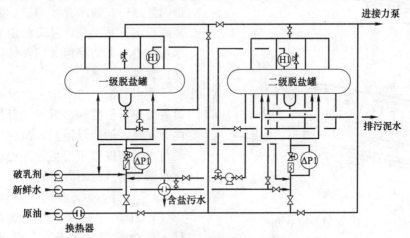

图 1-13　原油二级脱盐脱水工艺流程

原油由原油罐区经泵送入常减压装置的原油泵入口，原油泵出口经过初馏塔进料控制阀后，进行脱前换热达到 130℃ 左右进入电脱盐装置。一、二级电脱盐入口注入破乳剂、水，经混合阀与原油充分混合后进入电脱盐罐，在高压电场的作用下，把原油中的大部分盐和水分脱除出来。脱后原油再进行脱后换热达到 200℃ 左右，进入初馏塔。

二、熟悉脱盐设备，了解其构造和作用

我国在 20 世纪 80 年代后期开发出国产化成套交流电脱盐设备后，20 世纪 90 年代初又开发了高效交直流电脱盐成套设备，并已被许多常减压蒸馏装置采用，它具有脱盐效率高、耗电少、适应性强等显著优点。

1. 电脱盐罐

交流及交直流电脱盐罐的外形和内部结构见图1-14 (a)、(b)。

脱盐罐的大小尺寸是根据原油在强电场中合适的上升速度确定的。也就是说首先要考虑罐的轴向截面积及油和水的停留时间。

（1）原油分配器　原油从罐底进入后要求通过分配器均匀地垂直向上流动。目前一般采用低速倒槽形分配器。倒槽形分配器位于油水界面以下，槽的侧面开两排小孔，乳化原油沿槽长每隔 2~3m 处的孔内进入槽内。当原油进入倒槽后，槽内水面下降，出现油水界面，此界面与罐的油水界面有一位差，原油进入槽内后，借助水位差压，促使原油以低速均匀地从小孔进入罐内。倒槽的另一好处是底部敞开，大滴水和部分杂质可直接下沉，不会堵塞。

（2）电极板　电极板有水平和垂直电极板两种。交流电脱盐一般采用水平电极板，交直流电脱盐一般为垂直电极板。交流电脱盐罐内的水平电极板一般为两层或三层。

我国 20 世纪 90 年代中后期建设或改造的电脱盐罐多采用交直流电脱盐形式，见图1-15，其电极板为垂直变极距电极板。在卧式罐装有正负电极的钢梁，正负电极板相间排列，且上下电极板间距不同，形成强、中、弱三段直流电场。此外，由于正负极上的电压交替变

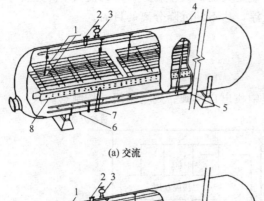

(a) 交流

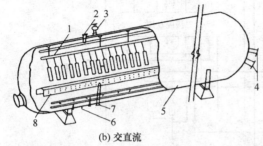

(b) 交直流

图 1-14　电脱盐罐结构

1—电极板；2—油出口；3—变压器；
4—罐体；5—油水界面控制器接口；
6—排水口；7—原油进口；8—分配器

化，使极板下端部与界面之间形成一个交变电场。如为两层，则下极板通电，上极板接地。如为三层，则中极板通电，上下极板接地。

（3）界面控制系统　脱盐罐内保持油水界面的相对稳定是电脱盐操作好坏的关键因素之一。油水界面稳定，能保持电场强度稳定。其次是，界面稳定能保证脱盐水在罐内所需的停留时间，保证排放水含油达到规定要求。

油水界面一般采用短波发射仪或内浮筒界面控制器控制。短波发射仪是基于不同介质吸收的能量不同，而内浮筒是利用油与水的密度差所得信号经处理后输出至放水调节阀进行油界面的控制。

（4）沉渣冲洗系统　沉渣冲洗系统（见图 1-16）是用来冲洗原油进脱盐罐所带入的少量泥砂等杂质，部分沉积于罐底，运行周期越长，沉积越厚，占去了罐的有效空间，相应地减少了水层的容积，缩短了水在罐内的停留时间，影响出水水质，为此需定期冲洗沉渣。沉渣冲洗系统主要为一根带若干喷嘴的管子，沿罐长安装在罐内水层下部。冲洗时，用泵将水打入管内，通过喷嘴的高速水流，将沉渣吹向各排泥口排出。

图 1-15　交直流电脱盐电极板

图 1-16　交直流电脱盐反冲洗系统

2. 防爆高阻抗变压器

变压器（见图 1-17）是电脱盐设施中最关键的设备。根据电脱盐的特点，应采取限流式供电，即采用电抗器接线或可控硅交流自动调压设备。国产 100% 电抗变压器，为防爆充油型，其铁芯与电抗器的铁芯为共轭整体式结构，具有电耗少、操作灵活、安全可靠的优点。变压器有单相、三相两种。单相变压器的优点有：

图 1-17　交直流电脱盐变压器

① 对装置规模的适应性强；

② 一组极板短路，不影响另两组操作；

③ 罐内外接线简单。缺点是价格稍贵。交直流电脱盐采用的电源设备，除防爆变压器外，还需采用防爆整流器。

3. 混合设施

油、水、破乳剂在进脱盐罐前需借混合设施充分混合，使水和破乳剂在原油中尽量分散。分散得越细，脱盐率越高。但有一限度，如分散过细，形成稳定乳化液，脱盐率反而下降，故混合强度要适度。新建电脱盐设施多采用静态混合器与可调差压的混合阀组成组合式混合设施，利用它可根据脱盐脱水情况来调节混合强度。也有的装置在原油泵入口处注入破乳剂，经泵体叶轮高速运转起到初步混合的目的，在经过混合阀适度混合，进入脱盐罐内。

三、分析脱盐操作影响因素，确定操作条件

1. 温度

温度升高可降低原油的黏度和密度以及乳化液的稳定性，水的沉降速度增加。若温度过高（>140℃），水密度减小，油与水的密度差反而减小，同样不利于脱水。同时，原油的电导率随温度的升高而增大，所以温度太高不但不会提高脱水、脱盐的效果，反而会因脱盐罐电流过大而跳闸，影响正常送电。因此，原油脱盐温度一般选在 105～140℃。

2. 压力

脱盐罐需在一定压力下进行，以避免原油中的轻组分汽化，引起油层搅动，影响水的沉降分离。操作压力视原油中轻馏分含量和加热温度而定，一般为 0.8～2MPa。

3. 注水量及注水的水质

在脱盐过程中，注入一定量的水与原油混合，将增加水滴的密度使之更易聚结，同时注水还可以破坏原油乳化液的稳定性，对脱盐有利。同时，二级注水量对脱后原油含盐量影响极大，这是因为一级电脱盐罐主要脱除悬浮于原油中及大部分存在于油包水型乳化液中的盐，二级电脱盐罐主要脱除存在于乳化液中的盐。注水量一般为加工量的 5% 左右。

4. 破乳剂和脱金属剂

破乳剂是影响脱盐率的最关键的因素之一。近年来随着新油井开发，原油中杂质变化很大，而石油炼制工业对馏分油质量的要求也越来越高。针对这一情况，许多新型广谱多功能破乳剂问世，一般都是二元以上组分构成的复合型破乳剂。破乳剂的用量一般是 10～30μg/g。

为了将原油电脱盐功能扩大，近年来开发了一种新型脱金属剂，它进入原油后能与某些金属离子发生螯合作用，使其从油相转入水相再加以脱除。这种脱金属剂对原油中的 Ca^{2+}、Mg^{2+} 及 Fe^{2+} 的脱除率可分别达到 85.9%、87.5% 和 74.1%，脱后原油含钙可达到 3μg/g 以下，能满足重油加氢裂化对原料油含钙量的要求。由于减少了原油中的导电离子，降低了原油的电导率，也使脱盐的耗电量有所降低。

5. 电场梯度

电场梯度越大，电场力越大。但提高电场梯度有一定限度。当电场梯度大于或等于电场临界分散梯度时，水滴受电分散作用，使已聚集的较大水滴又开始分散，脱水、脱盐效果下降。我国现在各炼油厂采用的实际强电场梯度为 500～1000V/cm，弱电场梯度为 150～300V/cm。

四、电脱盐操作

（1）操作原则

① 严格遵守操作规程，认真执行工艺卡片。

② 严格控制各罐界面在要求的看窗范围内。

③ 原油注水量为 3%～5%（占原油），注破乳剂 15～25μg/g。

④ 对原油性质及时用混合阀控制混合强度合理。

⑤ 各罐送电正常。

⑥ 脱水严禁带油；原油脱后严禁带水超标（初馏塔顶压力必须确保≤0.1MPa）。

（2）正常操作

① 根据操作原则，总结归纳出操作要点。操作要领见表 1-2。

表 1-2　电脱盐操作参数的控制与调节

序号	控制内容	控制目标	控 制 方 式
1	电脱盐罐界面	A、B罐检查口半油半水	正常操作时，电脱盐各罐界面分别通过液位控制阀进行控制，当界面低于设定时，控制阀关小，当界面高于设定时，控制阀开大，从而实现电脱盐各罐界面的控制 异常时，可因原油含水多、原油乳化、脱水线有受阻处、原油注水量大、仪表控制阀失灵或送电故障使界面波动使界面超高。解决办法：分析具体原因再采取对策，相对应的可进行加大脱水量（必要时停原油注水，脱水直接排入地沟），调整混合强度、电场强度、注水量，查找并处理受阻处，在工艺允许范围内调节注水量，找仪表电工修理
2	含盐含水	脱后含水≤0.3%，含盐≤3mg/L	根据原油性质筛选合适的破乳剂，调整合理的混合强度注水量、电场强度、温度和界面，达到含盐含水要求

② 操作参数调节。按操作要领在常减压蒸馏仿真软件电脱盐部分（见图 1-18）上调节相关参数，注意各参数间的联系。

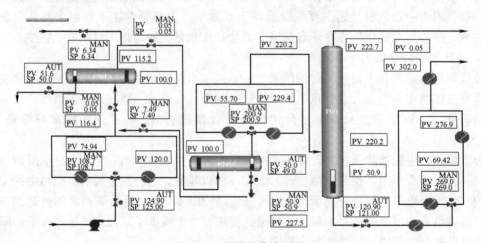

图 1-18　电脱盐仿真画面

【考核评价】

将原油电脱盐操作学习评价填入表 1-3。

表 1-3　原油电脱盐操作学习评价

学习目标	评价项目	评价标准	评价			
			优	良	中	差
认识电脱盐设备	电脱盐罐	说清脱盐罐的构造和作用				
	混合器	说清混合器的作用				
	高阻抗变压器	说清高阻抗变压器的作用				

续表

学习目标	评价项目	评价标准	评价			
			优	良	中	差
掌握预处理的原因和原理	预处理的原因	总结出原油含盐的危害（3点）；含水危害（2点）				
	预处理的原理	说清脱盐的原理、注水、注破乳剂的位置和作用				
会脱盐岗的正常操作	影响脱盐效果的因素	分析温度、压力、注水量及注水的水质、破乳剂和脱金属剂及电场梯度对脱盐操作的影响				
	电脱盐罐界面调节	讲清脱盐罐界面控制目标、控制方式				
能进行异常处理	异常现象	说明脱盐操作过程中出现异常现象的原因				
	处理方法	针对产生异常的原因提出相应的措施				
知道腐蚀的类型和防腐的措施	腐蚀的类型	说清腐蚀有几种、名称				
	防腐的措施	讲清设备和管线产生腐蚀的原因，针对腐蚀产生的原因提出相应的防腐措施				
综合评价						

评价人：

【归纳总结】

　　读懂脱盐部分带控制点的工艺流程，找出控制点的位置；原油含盐含水的危害及脱盐的原理，引入外加电场、两次注水和加破乳剂的作用；分析温度、压力注水量及注水的水质、破乳剂和脱金属剂、电场梯度对脱盐效果的影响，确定脱盐的工艺条件；在正常操作过程中注意控制这些操作参数稳定；操作过程中如发生异常现象时能分析原因，然后根据原因制定出相应的处理措施。

【拓展训练】

　　原油电脱盐部分异常处理仿真操作。透过现象，分析发生此现象的原因，依据原因找出处理方法。

一、电脱盐脱水含油
电脱盐脱水含油现象与处理方法，见表1-4。

表1-4　电脱盐脱水含油现象与处理方法

现　象	影响因素	处　理　方　法
脱水颜色变黑，环保采样分析含油超标	①界面低 ②原油乳化	①调节脱水量，提高界面； ②降低原油加工量，联系电工调节电压挡次，调节破乳剂、水注入量，调节混合强度

二、电脱盐罐压力超高
电脱盐罐压力超高现象与处理方法见表1-5。

表1-5　电脱盐罐压力超高现象与处理方法

现象	影响因素	处理方法
压力指示超高，设备泄漏	原油黏度高，加工量大，控制阀失灵或有受阻处	适当减少处理量；找出受阻处并加以处理；联系仪表维修控制阀；必要时甩电脱盐罐

【知识拓展】

炼油厂生产装置经常因为腐蚀问题（见图 1-19）而损坏设备，影响开工周期或造成事故，尤其在处理含硫原油和脱盐脱水难的原油时，更为严重。研究设备的腐蚀原因，采取有效的防腐措施是当前炼油生产中的一个重要课题。

图 1-19　常压塔降液管腐蚀情况

一、腐蚀特性和腐蚀部位

按腐蚀特性，可分为无机盐腐蚀、硫化物腐蚀和环烷酸腐蚀；按腐蚀部位，可分为高温重油部位和低温轻油部位。

1. 无机盐类的腐蚀

在蒸馏过程中，原油中的盐类受热水解，生成具有强烈腐蚀性的 HCl。HCl 与 H_2S 在蒸馏过程中随原油的轻馏分和水分一起挥发和冷凝，在塔顶部及冷凝系统内形成低温 $HCl-H_2O-H_2S$ 型腐蚀介质，对初馏塔、常压塔顶部的塔体、塔板、馏出线、冷凝冷却器等有相变的部位产生严重腐蚀。

2. 硫化物的腐蚀

原油中的硫化物主要是硫醇、硫醚、硫化氢、多硫化物以及元素硫等。这些硫化物中，参与腐蚀反应的主要是 H_2S、元素硫和硫醇等活性硫及易分解为 H_2S 的硫化物。

硫化物对设备、管线的腐蚀与温度、水分和介质流速等关系很大。温度小于 120℃ 且有水存在时，形成 $HCl-H_2S-H_2O$ 型腐蚀介质，但在无水情况下，温度虽高至 240℃，对设备仍无腐蚀。当温度大于 240℃ 时，硫化物开始分解，生成 H_2S，形成高温 $S-H_2S-RSH$ 型腐蚀介质，随着温度升高，腐蚀加重。当温度大于 350℃ 时，H_2S 开始分解为 H_2 和活性很高的 S，S 与 Fe 反应生成 FeS，在设备表面形成 FeS 膜，对设备腐蚀起一定保护作用。但如有 HCl 或环烷酸存在时，保护膜被破坏，又强化了硫化物的腐蚀。当温度达到 425℃ 时，高温硫对设备腐蚀最快。

根据硫化物的这种特性，分馏塔的高温部位如常压塔和减压塔的进料段及进料以下塔体、常压炉出口附近的炉管和转油线、减压炉管和减压炉转油线、减压塔底部管线等部位都会产生较严重的腐蚀。特别是减压部分，由于温度高，设备腐蚀最为严重。

3. 环烷酸腐蚀

原油中的酸性物质主要为环烷酸。环烷酸的腐蚀性能与相对分子质量有关，低分子环烷酸腐蚀性最强。腐蚀环境特别是温度、环烷酸气流速对腐蚀性有很大影响。温度在 220℃ 以下时，环烷酸基本不腐蚀。随着温度的升高，腐蚀逐渐增加，到 270～280℃ 时腐蚀性最强。温度再提高，环烷酸部分汽化但未冷凝，而液相中环烷酸浓度降低，故腐蚀性又下降。到 350℃ 左右时，环烷酸汽化增加，气相速度增加，腐蚀又加剧。直至 425℃ 左右时，原油中环烷酸已基本全部汽化，对设备的高温部位不产生腐蚀。

常压塔柴油馏分侧线和减压塔润滑油馏分侧线以及侧线上的弯头等出现环烷酸凝液处，腐蚀较严重。常减压炉出口附近的炉管、转油线、常减压塔的进料段等处的温度在 350～400℃，环烷酸大部分汽化，气相流速加快，腐蚀加剧。但所含环烷酸已基本汽化完，环烷酸对塔底的塔壁、内件、管线、机泵、弯头等的腐蚀有所下降。

环烷酸的腐蚀除对常减压装置的高温部位造成穿孔外，其腐蚀所产生的铁离子对下游加氢裂化装置的长期运行也会造成严重威胁。

二、防腐蚀措施

抑制原油蒸馏装置中设备和管线腐蚀的主要办法有两个。

1. 低温的塔顶以及塔顶油气馏出线上的冷凝冷却系统

对低温的塔顶以及塔顶油气馏出线上的冷凝冷却系统采取化学防腐措施，即脱盐脱水，注中和剂、缓蚀剂和水等，即"一脱三注"。早期"一脱四注"，除上述外，还有注碱，因碱对设备材质的碱脆和对下游加工过程的影响，目前已经取消。

（1）原油脱盐脱水   原油脱盐脱水是抑制轻油低温部位腐蚀的有效方法。实践证明，如能把原油含盐量脱至 3mg/L 以下，再辅以注中和剂、缓蚀剂和水等措施，使塔顶冷凝水铁离子控制在 $1\mu g/g$ 以下，氯离子含量低于 $20\mu g/g$，则低温 HCl-H_2S-H_2O 型腐蚀就能得到有效的抑制。

（2）注中和剂   为使常压塔顶冷凝冷却系统的低温 HCl-H_2S-H_2O 型腐蚀进一步降低，在塔顶馏出线上注中和剂也是行之有效的防腐措施之一。各炼油厂所采用的中和剂多为液氨或氨气，也有用有机胺的。有机胺对控制 pH 值较容易，但价格较贵。

氨（或胺）在油气开始冷凝前注入，随后再注入缓蚀剂，氨注入量以塔顶回流罐中冷凝水的 pH 值（7.5～8.5）来调节。

注氨后塔顶馏出系统可能出现氯化铵沉积，既影响冷凝冷却器的传热效果，又引起设备的垢下腐蚀。氯化铵在水中溶解度很大，故可用连续注水办法洗去。连续注水量一般为塔顶总馏出量的 5％～10％。

（3）注缓蚀剂   缓蚀剂是一种表面活性剂，其分子内部有硫、氮、氧等极性基团和烃类的结构基团。极性基团吸附在金属设备表面，形成保护膜，使金属不被腐蚀。

（4）注水   注水的作用一方面是溶解铵盐；另一方面是降低塔顶馏出物中注氨未中和的酸性物质浓度来减少腐蚀。

2. 高温部位的防腐措施

对温度大于 250℃的塔体及塔底出口系统的设备和管线等高温部位的防腐措施，主要是选用合适的耐蚀材料。

任务3   常压蒸馏操作

【任务介绍】

经过脱盐脱水后的原油利用精馏原理根据原油中各个组分的挥发度（沸点）不同，在一定的工艺条件下分离出若干个产品（瓦斯、汽油、柴油、常压渣油）。精馏操作是在石油精馏塔中完成，原油精馏塔与一般精馏塔相比有自身的特点。

分析常压操作的影响因素，控制塔顶温度、压力及侧线抽出温度、塔底温度、流量及塔底液位等操作参数，保证常压塔平稳操作。操作过程中产生异常现象的原因及处理方法也是操作员必会的。

知识目标：了解常压塔的构造；熟悉初馏塔的优点；掌握常压塔的工艺特征；掌握汽提塔的作用和汽提方式；熟悉影响常压蒸馏的因素。

能力目标：能根据影响因素分析，确定常压蒸馏塔的操作条件；能在仿真软件上依据操作规程处理异常现象和进行正常调节。

【任务分析】

脱后原油经过蒸馏分离出汽油馏分、煤油馏分、柴油馏分、常压渣油。若想得到合格的馏分油，就要熟悉影响常压塔操作的因素，经过影响因素分析，确定适宜的操作条件。控制全塔的物料平衡和热平衡，稳定塔压，实现各操作参数平稳控制。按照操作规程在装置仿真软件上进行岗位的正常操作和异常调节。

【相关知识】

一、初馏塔的作用

原油蒸馏是否采用初馏塔应根据具体条件对有关因素进行综合分析决定。初馏塔有以下几方面作用。

1. 原油的轻馏分含量

将原油经换热过程中已汽化的轻组分及时分离出来，让这部分馏分不再进入常压炉去加热。这样一则能减少原油管路阻力，降低原油泵出口压力；二则能减少常压炉的热负荷，两者均有利于降低装置能耗。因此，当原油含汽油馏分较多时，可采用初馏塔。

2. 原油脱水效果

当原油因脱水效果波动而引起含水量高时，水能从初馏塔塔顶分出，使得常压塔操作免受水的影响，操作平稳，保证产品质量合格。

3. 原油的含砷量

对含砷量高的原油如大庆原油（含 As 量 $>2000\mu g/g$），为了生产重整原料油，必须设置初馏塔。重整催化剂极易因砷中毒而永久失活，重整原料油的砷含量要求小于 $200\mu g/g$。如果进入重整装置的原料的含砷量超过 $200\mu g/g$，则仅依靠预加氢精制是不能使原料达到要求的。此时，原料应在装置外进行预脱砷，使其含砷量小于 $200\mu g/g$ 以下后才能送入重整装置。重整原料的含砷量不仅与原油的含砷量有关，而且与原油被加热的温度有关。

4. 原油的含硫量和含盐量

当加工含硫原油时，在温度超过 $160\sim180℃$ 的条件下，某些含硫化合物会分解而释放出 H_2S，原油中的盐分则可能水解而析出 HCl，造成蒸馏塔顶部、汽相馏出管线与冷凝冷却系统等低温部位的严重腐蚀。设置初馏塔可使大部分腐蚀转移到初馏塔系统，从而减轻了常压塔顶系统的腐蚀，这在经济上是合理的。但是这并不是从根本上解决问题的办法。实践证明，加强脱盐、脱水和防腐蚀措施，可以大大减轻常压塔的腐蚀而不必设初馏塔。

二、常压塔的工艺特点

原油的常压蒸馏就是原油在常压（或稍高于常压）下进行的蒸馏，所用的蒸馏设备叫做原油常压精馏塔，它具有以下工艺特点。

1. 常压塔是一个复合塔

原油通过常压蒸馏切割成汽油、煤油、轻柴油、重柴油和常压渣油等四、五种产品馏分。按照一般的多元精馏办法，需要有 $N-1$ 个精馏塔才能把原料分割成 N 个馏分。但是在石油精馏中，各种产品本身依然是一种复杂混合物，它们之间的分离精确度要求不高，两种产品之间需要的塔板数并不多，因而原油常压精馏塔是在塔的侧部开若干侧线就可以生产出上述的多个产品馏分，就像 N 个塔叠在一起一样，故称为复合塔。

2. 常压塔的原料和产品都是组成复杂的混合物

原油经过常压蒸馏可得到沸点范围不同的馏分，如汽油、煤油、柴油等轻质馏分油和常压渣油，这些产品仍然是复杂的混合物。

3. 汽提段和汽提塔

对石油精馏塔，提馏段的底部常常不设再沸器，因为塔底温度较高，一般在 350℃ 左右，在这样的高温下，很难找到合适的再沸器热源。因此，通常向底部吹入少量过热水蒸气，以降低塔内的油汽分压，使混入塔底重油中的轻组分汽化，这种方法称为汽提。汽提所用的水蒸气通常是 400~450℃、0.3MPa 的过热水蒸气。

在复合塔内，汽油、煤油、柴油等产品之间只有精馏段而没有提馏段，这样侧线产品中会含有相当数量的轻馏分，这样不仅影响侧线产品的质量，而且降低了较轻馏分的收率。所以通常在常压塔的旁边设置若干个侧线汽提塔，这些汽提塔重叠起来，但相互之间是隔开的，侧线产品从常压塔中部抽出，送入汽提塔上部，从该塔下部注入水蒸气进行汽提，汽提出的低沸点组分同水蒸气一道从汽提塔顶部引出返回主塔，侧线产品由汽提塔底部抽出送出装置。

在有些情况下，侧线的汽提塔不采用水蒸气而仍像正规的提馏段那样采用再沸器。这种做法是基于以下几点考虑。

① 侧线油品汽提时，产品中会溶解微量水分，对有些要求低凝点或低冰点的产品如航空煤油可能使冰点升高，采用再沸提馏可避免此弊病。

② 汽提用水蒸气的质量分数虽小（通常为侧线产品的 2%~3%），但水的相对分子质量比煤油、柴油低数十倍到上百倍，因而体积流量相当大，增大了塔内的气相负荷。采用再沸提馏代替水蒸气汽提有利于提高常压塔的处理能力。

③ 水蒸气的冷凝潜热很大，采用再沸提馏有利于降低塔顶冷凝器的负荷。

④ 采用再沸提馏有助于减少装置的含油污水量。

采用再沸提馏代替水蒸气汽提会使流程设备复杂些，因此采用何种方式要具体分析。至于侧线油品用作裂化原料时则可不必汽提。

4. 全塔热平衡

由于常压塔塔底不用再沸器，热量来源几乎完全取决于加热炉加热的进料。汽提水蒸气虽也带入一些热量，但由于只放出部分显热，且水蒸气量不大，因而这部分热量是不大的。全塔热平衡的情况引出以下问题。

① 常压塔进料的汽化率至少应等于塔顶产品和各侧线产品的产率之和，否则不能保证要求的拔出率或轻质油收率。至于一般二元或多元精馏塔，理论上讲进料的汽化率可以在 0~1 之间任意变化而仍能保证产品产率。在实际设计和操作中，为使常压塔精馏段最低一个侧线以下的几层塔板（在进料段之上）上有足够的液相回流以保证最低侧线产品的质量，原料油进塔后的汽化率应比塔上部各种产品的总收率略高一些。高出的部分称为过汽化度。常压塔的过汽化度一般为 2%~4%。实际生产中，只要侧线产品质量能保证，过汽化度低一些是有利的，这不仅可减轻加热炉负荷，而且由于炉出口温度降低可减少油料的裂化。

② 在常压塔只靠进料供热，而进料的状态（温度、汽化率）又已被规定。因此，常压塔的回流比是由全塔热平衡决定的，变化的余地不大。常压塔产品要求的分离精度不太高，只要塔板数选择适当，在一般情况下，由全塔热平衡所确定的回流比已完全能满足精馏的要求。在常压塔的操作中，如果回流比过大，必然会引起塔的各点温度下降、馏出产品变轻、拔出率下降。

③ 在原油精馏塔中，除了采用塔顶回流时，通常还设置 1~2 个中段循环回流，即从精馏塔上部的精馏段引出部分液相热油，经与其他冷流换热或冷却后再返回塔中，返回口比抽

出口通常高 2～3 层塔板。

中段循环回流的作用：在保证产品分离效果的前提下，取走精馏塔中多余的热量，这些热量因温位较高，因而是价值很高的可利用热源；在相同的处理量下可缩小塔径，或者在相同的塔径下可提高塔的处理能力。

5. 恒分子回流的假定完全不适用

在二元和多元精馏塔的设计计算中，为了简化计算，对性质及沸点相近的组分所组成的体系作出了恒分子回流的近似假设，即在塔内的气、液相的摩尔流量不随塔高而变化。这个近似假设对原油常压精馏塔是完全不适用的。石油是复杂混合物，各组分间的性质可以有很大的差别，它们的摩尔汽化潜热可以相差很远，沸点之间的差别甚至可达几百摄氏度。显然，以精馏塔上、下部温差不大，塔内各组分的摩尔汽化潜热相近为基础所作出的恒分子回流这一假设对常压塔是完全不适用的。

【任务实施】

一、熟悉常压部分工艺流程

熟悉常压部分工艺流程，找出自控阀、现场手阀、控制点。典型常压塔工艺流程见图 1-20。

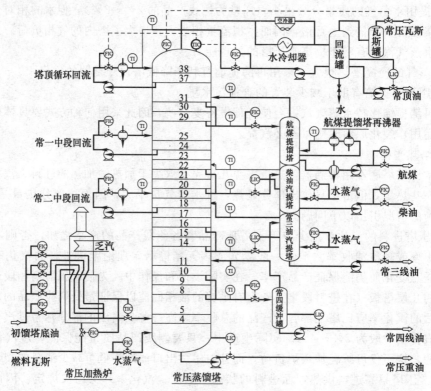

图 1-20　典型常压塔工艺流程

初馏塔塔顶油气馏出后经空气冷却器（空冷，下同）、水冷却器冷凝冷却后进入蒸顶回流罐，其中不凝气——瓦斯进入瓦斯罐后去低压瓦斯系统。回流罐内汽油经初顶回流泵抽出后，一路经回流控制阀做回流返回塔内控制塔顶温度，另一路经出装置控制阀送入电精制装置（精制）后，去储运罐区或重整装置。

　　初馏塔底拔头油由塔底泵抽出后，分成三路换热，混合温度达到 310℃ 左右，然后进入常压炉加热。加热到 365℃ 进入常压塔（进行精馏）。

　　常压塔顶油气馏出后经空冷、水冷却器冷凝冷却后进入常顶回流罐，其中不凝气-瓦斯进入瓦斯罐后去低压瓦斯系统。回流罐内汽油经常顶回流泵，一路经回流控制阀做回流返回塔内控制塔顶温度，另一路经出装置控制阀送入电精制装置（精制）后去储运罐区或重整装置。

　　常顶循环回流从 37 层塔板抽出，经泵送至换热器，换热到 70℃ 后返回塔顶。

　　常一线从 29 层或 31 层塔板抽出后入汽提塔，汽相返回塔内 32 层，汽提塔底油经航煤重沸器加热后返回汽提塔，液相由常一线泵抽出，经脱硫醇、换热器换热冷却后出装置去精制。

　　常一中由常压塔 24 层抽出，经泵送至换热器，换热到 145℃ 后返回塔内 26 层。

　　常二线由常压塔 20 层抽出后进入汽提塔，汽提塔底吹入蒸汽，汽相返回常压塔 22 层。液相由常二线泵抽出经换热器换热冷却后出装置。

　　常二中由常压塔 18 层经泵抽出，送至换热器换热到 240℃ 后返回塔内 20 层。

　　常三线由塔 14 层馏出后进入汽提塔，汽提塔底可吹入蒸汽，汽相返回塔内 18 层，液相经常三线泵抽出，送至换热器冷却后作为重柴油出装置。

　　常压塔底重油经泵抽出后分成四路经减压炉四路进料控制阀进入减压炉对流室，加热到 365℃ 出来后进入辐射室，加热到 385℃ 进入减压塔，在减压系统出现故障时也可以不进入减压炉而直接入渣油系统即甩减压。

　　二、认识常压蒸馏设备，了解构造，熟悉作用

　　常压塔是原油蒸馏过程的核心设备。塔结构、内件和工艺条件，决定着产品质量和收率。

　　1. 分馏塔的工艺条件

　　分馏塔的工艺条件主要有分馏塔的温度、压力及回流比等。塔的闪蒸段压力由塔顶压力和闪蒸段以上塔板总压降决定。常压塔顶压力由塔顶冷凝系统的压降确定。减压塔顶压力主要由抽空器的能力决定。不论常压塔还是减压塔，其闪蒸段压力的降低，均意味着在相同汽化率下，炉出口温度可降低，从而降低燃料消耗；闪蒸段以上部分压力降低，各侧线馏分之间的相对挥发度增大，有利于侧线馏分的分离。分馏塔的各点温度是根据原油和产品（组分）的性质，通过分段作热平衡计算后确定的。

　　分馏塔内的回流量是工艺条件中最关键的因素。回流量的大小要满足下列几方面的要求：一是要取走全部剩余的热量，使全塔进出热量平衡；二是不仅要使塔内各段的内回流量大于各段产品分馏需要的最小回流量，而且要使各段塔板上的气、液负荷量处于各塔板的适宜操作范围内，以保证平稳操作。

　　2. 常压塔的结构

　　（1）结构　常压塔的内部结构一般为塔顶冷凝换热段、分馏段、中段回流换热段和进料以下的提馏段。常压塔换热段的塔板形式一般与分馏段塔板相同，层数多数为 2～3 层。提馏段有用圆形泡帽塔板的，也有用浮阀塔板的。分馏段是常压塔的主要部分，以浮阀塔板居多。常压塔一般除塔顶出产品外，有 3～4 个侧线出产品；另外，为了取走剩余热量，设一个塔顶冷回流和/或循环回流及 2～3 个中段回流。由于产品多，取热量大，故全塔塔板总数较多，一般有 42～48 层。

　　（2）常压塔的内件　常压塔的内件主要是塔板和填料。我国原油蒸馏塔上采用的塔板有

浮阀塔板、文丘里型浮阀塔板、圆形泡帽塔板、伞形泡帽塔板、浮动舌型塔板、网孔塔板以及条型浮阀和船型浮阀塔板等多种形式。这些塔板各有其优缺点。

3. 分析常压蒸馏操作影响因素，确定操作条件

常压蒸馏系统主要过程是加热、蒸馏和汽提。主要设备有加热炉、常压塔和汽提塔。常压蒸馏操作的目标以提高分馏精确度和降低能耗为主。影响这些目标的工艺操作条件主要有温度、压力、回流比、塔内蒸汽线速度、水蒸气吹入量以及塔底液面等。

(1) 温度 常压蒸馏系统主要控制的温度点有：加热炉出口、塔顶、侧线温度。

加热炉出口温度高低，直接影响进塔油料的汽化量和带入热量，相应地塔顶和侧线温度都要变化，产品质量也随之改变。一般控制加热炉出口温度和流量恒定。如果炉出口温度不变，回流量、回流温度、各处馏出物数量的改变，也会破坏塔内热平衡状态，引起各处温度条件的变化，其中塔顶温度对热平衡的影响最灵敏。加热炉出口温度和流量平稳是通过加热炉系统和原油泵系统控制来实现。

塔顶温度是影响塔顶产品收率和质量的主要因素。塔顶温度高，则塔顶产品收率提高，相应塔顶产品终馏点提高，即产品变重。反之则相反。塔顶温度主要通过塔顶回流量和回流温度控制实现。

侧线温度是影响侧线产品收率和质量的主要因素，侧线温度高，侧线馏分变重。侧线温度可通过侧线产品抽出量和中段回流进行调节和控制。

(2) 压力 油品汽化温度与其油气分压有关。塔顶温度是指塔顶产品油气（汽油）分压下的露点温度；侧线温度是指侧线产品油气（煤油、柴油等）分压下的泡点温度。油气分压越低，蒸出同样的油品所需的温度则越低。而油气分压是设备内的操作压力与油品分子分数的乘积，当塔内水蒸气吹入量不变时，油气分压随塔内操作压力降低而降低。操作压力降低，同样的汽化率要求进料温度可低些，燃料消耗可以少些。因此，在塔内负荷允许的情况下，降低塔内操作压力，或适当吹入汽提蒸汽，有利于进料油的蒸发。

(3) 回流比 回流提供气、液两相接触的条件，回流比的大小直接影响分馏的好坏，对一般原油分馏塔，回流比大小由全塔热平衡决定。随着塔内温度条件等的改变，适当调节回流量，是维持塔顶热平衡的手段，以达到调节产品质量的目的。此外，要改善塔内各馏出线间的分馏精确度，也可借助于改变回流量（改变馏出口流量，即可改变内回流量）。但是由于全塔热平衡的限制，回流比的调节范围是有限的。

(4) 气流速度 塔内上升气流由油气和水蒸气两部分组成，在稳定操作时，上升气流量不变，上升蒸汽的速度也是一定的。在操作过程中，如果塔内压力降低，进料量或进料温度增高，吹入水蒸气量上升，都会使气流上升速度增加，严重时，雾沫夹带现象严重，影响分馏效率。相反，又会因气流速度降低，上升气流不能均衡地通过塔板，也要降低塔板效率，这对于某些弹性小的塔板（如舌型），就需要维持一定的气流线速度。操作时，应该使气流线速度在不超过允许速度（即不致引起严重雾沫现象的速度）的前提下，尽可能地提高，这样既不影响产品质量，又可以充分提高设备的处理能力。对不同塔板，允许的气流速度也不同。

(5) 水蒸气量 在常压塔底和侧线吹入水蒸气起降低油气分压的作用，而达到使轻组分汽化的目的。吹入量的变化对塔内的平衡操作影响很大，改变吹入蒸汽量，虽然是调节产品质量的手段之一，但是必须全面分析对操作的影响，吹入量多时，增加了塔及冷凝冷却器的负荷。

(6) 塔底液面 塔底液面的变化，反映物料平衡的变化和塔底物料在塔内停留时间，取

决于温度、流量、压力等因素。

4. 常压蒸馏操作

（1）首先学习操作原则

① 根据原料性质，选择适宜操作条件，实现最优化操作。

② 严格遵守操作规程，认真执行工艺卡片，搞好平稳操作。

③ 严格控制各塔、罐液面、界面30%～70%。

④ 严格控制塔顶及各部温度、压力，平稳操作。

⑤ 根据原油种类、进料量、进料温度调整各段回流比，在提高产品质量的同时提高轻质油收率和热量回收率。

（2）岗位正常操作

① 根据操作原则，总结归纳出操作要点。常压蒸馏操作参数的控制与调节，见表1-6。

表1-6　常压蒸馏操作参数的控制与调节

序号	控制内容	控制手段	调节方法
1	塔顶温度	塔顶冷回流量	塔顶冷回流量和回流温度； 塔顶压力； 塔顶循环回流及中段循环回流量； 进料性质、进料量及进料温度； 侧线抽出量； 塔底及侧线吹气量
2	塔顶压力	塔顶空气冷却器冷却能力	塔顶空气冷却器冷却能力； 塔顶温度； 进料性质、进料量及进料温度； 塔底及侧线吹气量
3	进料温度	产品收率和产品质量	各操作参数是否稳定，产品质量是否合格； 过汽化量； 原油性质； 处理量
4	侧线抽出温度	产品收率和产品质量	产品质量
5	塔底和侧线汽提蒸汽量	塔底抽出量	进料流量、性质、温度； 塔顶压力； 侧线抽出量； 塔底吹气量； 仪表控制性能 塔底泵的运行情况
6	塔底液位	入塔量和出塔量	入塔量和出塔量的大小； 吹气量的高低； 入塔油的性质

② 操作参数调节。按操作要领在常减压蒸馏仿真软件常压部分（见图1-21）上调节相关参数，注意各参数间的联系。

【考核评价】

常压蒸馏学习评价见表1-7。

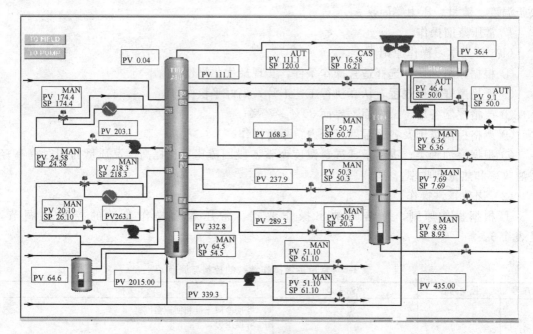

图 1-21   常压蒸馏仿真画面

表 1-7   常压蒸馏学习评价

学习目标	评价项目	评价标准	评价			
			优	良	中	差
认识常压蒸馏设备，掌握工艺原理和工艺特征	常压蒸馏塔	说清其构造、作用、工艺特点和设初馏塔的原因				
	汽提塔	说清汽提的作用、方式				
会常压操作	常压操作影响因素分析	分析温度、压力、回流比、气流速度对精馏效果的影响				
	正常操作法	讲清塔顶温度、压力、塔底液位的控制目标及控制方式				
能进行异常处理	异常现象	说明常压蒸馏过程中出现异常现象的原因				
	处理方法	针对产生异常的原因提出相应的措施				

评价人：

【归纳总结】

读懂常压蒸馏部分带控制点的工艺流程，找出控制点的位置；重点掌握初馏塔的作用及原油精馏塔的工艺特征；分析出温度、压力及回流比对精馏效果的影响；会调节控制塔顶温度、压力及塔底液位等；对异常现象能分析、判断、处理。

【拓展训练】

原油常压蒸馏部分参数的异常控制与调节，会分析异常现象，找出原因，进行处理，调节正常。

一、冲塔

冲塔现象与处理方法见表 1-8。

表 1-8　冲塔现象与处理方法

现象	影响因素	处理方法
顶温、压力高；汽油变重或发黑；各部温度、液面急剧变化	①原油含水多或注水量大 ②顶回流带水 ③吹汽量大或蒸汽带水 ④原油性质轻或混兑不均 ⑤进料温度高 ⑥塔底液面超高 ⑦仪表失灵 ⑧机泵故障 ⑨侧线抽出过多造成干板或回流中断	①加强电脱盐脱水并减少注水量,适当降低原油加工量 ②回流罐加大脱水 ③停吹汽,蒸汽脱水 ④降原油量,联系调度 ⑤降进料温度、加大回流量 ⑥降量、增加塔底抽出 ⑦参照相关未失灵仪表的指示参数改手动、副线调节,并联系仪表人员进行处理 ⑧切换备用泵、降量 ⑨减少侧线抽出、恢复各段回流

二、回流罐冒顶

回流罐冒顶现象与处理方法见表1-9。

表 1-9　回流罐冒顶现象与处理方法

现象	影响因素	处理方法
汽油回流罐满,瓦斯带油	①汽油产量大或出装置受阻 ②冲塔 ③仪表或机泵故障	①加大出装置量、降顶温和加工量,联系调度查找受阻点,改副线控制 ②按冲塔处理,加大出装置量 ③用副线阀、玻璃板进行控制或切换备用泵,联系检修
备注	低压瓦斯改放空以防止油气串入加热炉内	

任务 4　减压蒸馏操作

【任务介绍】

常压塔底重油在负压下根据原油中各个组分的挥发度（沸点）不同,在一定的工艺条件下分离出减压馏分油（润滑油馏分或催化裂化原料）和减压渣油。减压精馏操作是在减压精馏塔中完成,减压精馏塔与一般精馏塔相比有自身的特点。

分析减压操作的影响因素,控制真空度、塔顶温度、压力及侧线抽出温度、塔底温度及塔底液位等操作参数,保证减压塔平稳操作。操作过程中产生异常现象的原因及处理方法也是操作员必会的。

知识目标：了解减压塔的构造与作用；熟悉减压部分带控制点的工艺流程；掌握减压塔的特点；掌握蒸汽喷射器的结构和工作原理。

能力目标：能根据影响因素分析,确定减压蒸馏塔的操作条件；能在仿真软件上依据操作规程处理异常现象和进行正常调节。

【任务分析】

若想得到合格的馏分油,就要熟悉影响减压塔操作的因素,经过影响因素分析,确定适宜操作条件。控制全塔的物料平衡和热平衡,控制塔底的液位稳定（50％）、塔顶温度稳定在（100±20)℃。按照操作规程在装置仿真软件上进行岗位的正常操作和异常调节。

【相关知识】

减压塔的特点如下。

① 降低从汽化段到塔顶的流动压降。这主要依靠减少塔板数和降低气相通过每层塔板的压降。

② 降低塔顶油气馏出管线的流动压降。为此,减压塔塔顶不出产品,塔顶管线只供抽真空设备抽出不凝气用。因为减压塔顶没有产品馏出,故只采用塔顶循环回流而不采用塔顶冷回流。

③ 减压塔塔底汽提蒸汽用量比常压塔大,其主要目的是降低汽化段中的油气分压。近年来,少用或不用汽提蒸汽的干式减压蒸馏技术有较大的发展。

④ 降低转油线压降,通过降低转油线中的油气流速来实现。减压塔汽化段温度并不是常压渣油在减压蒸馏系统中所经受的最高温度,此最高温度的部位是在减压炉出口。为了避免油品分解,对减压炉出口温度要加以限制,在生产润滑油时不得超过395℃,在生产裂化原料时不超过400~420℃,同时在高温炉管内采用较高的油气流速以减少停留时间。

⑤ 缩短渣油在减压塔内的停留时间。塔底减压渣油是最重的物料,如果在高温下停留时间过长,则其分解、缩合等反应进行得比较显著。其结果,一方面生成较多的不凝气使减压塔的真空度下降;另一方面会造成塔内结焦。因此,减压塔底部的直径通常缩小,以缩短渣油在塔内的停留时间。此外,有的减压塔还在塔底打入急冷油以降低塔底温度,减少渣油分解、结焦的倾向。

由于上述各项工艺特征,减压塔从外形来看比常压塔显得粗而短。此外,减压塔的底座较高,塔底液面与塔底油抽出泵入口之间的位差在10m左右,这主要是为了给热油泵提供足够的灌注头。

【任务实施】

一、熟悉减压部分工艺流程

熟悉减压部分工艺流程,找出自控阀、现场阀、控制点。减压部分工艺流程见图1-22。

常压塔底重油经泵抽出后分成四路经减压炉四路进料控制阀进入减压炉对流室,加热到365℃出来后进入辐射室,加热到385℃进入减压塔,在减压系统出现故障时也可以不进入减压炉而直接入渣油系统即甩减压。

减压塔塔顶出来的不凝气、水蒸气和少量油气经减顶冷却器冷凝冷却后,冷凝下来的液体通过大气腿流入水封罐,不凝气经一级抽真空器抽出后,去中间冷却器冷凝冷却后,气相进入二级抽真空器,液相流入水封罐。由二级抽真空器抽出的气相经后冷凝器冷凝冷却后,液相去水封罐,汽相通过减顶瓦斯罐去加热炉做燃料。水封罐内的水通过控制阀排入地沟,减顶油则流入产品罐,再经泵打入脱水罐,一路并蜡油,一路并轻柴。

减一线蜡油由一线集油箱抽出,经过泵送至换热器换热、再经冷却器冷却后通过出装置控制阀并入蜡油。

减二线蜡油由二线集油箱抽出,去减二线汽提塔用水蒸气汽提,汽提后气相返回减压塔,液体经过泵送至换热器换热、再经冷却器冷却后通过出装置控制阀并入蜡油。

减三线蜡油由三线集油箱抽出,去减三线汽提塔用水蒸气汽提,汽提后气相返回减压塔,液体经过泵送至换热器换热、再经冷却器冷却后通过出装置控制阀并入蜡油。

减四线蜡油由四线集箱抽出,去减四线汽提塔用水蒸气汽提,汽提后气相返回减压塔,

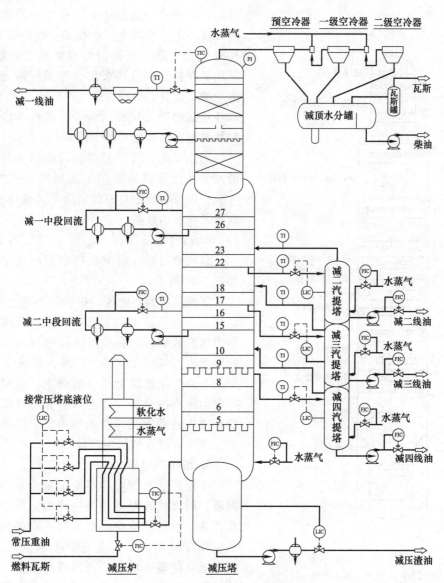

图 1-22　减压部分工艺流程

液体经过泵送至换热器换热、再经冷却器冷却后通过出装置控制阀并入蜡油减压塔底渣油通过减底泵抽出后进入渣油系统，渣油系统分成两路换热，两路换热混合后分成两路，一路去沥青，一路经过水箱（正常生产时不投用）后再分成两路，一路去焦化装置，另一路经冷却后去油品。

二、认识减压蒸馏设备，了解构造，熟悉作用

1. 减压塔

（1）减压塔的作用　减压塔的作用是在减压状态下，对经常压塔分馏后的常底油继续进行分馏，获得农柴、蜡油或者润滑油基础油料等产品。

（2）减压塔的结构　减压塔结构与装置类型有关，燃料型减压塔的馏分一般是作为催化裂化或加氢裂化的原料，对相邻侧线馏分的分离精度要求不高，故侧线、中段回流以及全塔塔板数均比常压塔少。近年新建厂有的采用高效填料代替 V4 型浮阀或网孔塔板，塔高有所

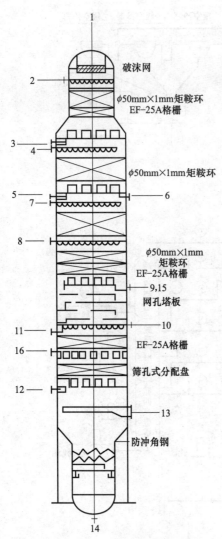

图 1-23　混合型减压塔

1—油气出口；2—减一线冷回流入口；
3—减一线抽出口；4—减一线热回流入口；
5—减一中回流出口；6—减二线抽出口；
7—减一中回流入口；8—减二中回流入口；
9—减三线抽出口；10—重馏分油入口；
11—减四线抽出口；12—减五线抽出口；
13—进料口；14—减压渣油抽出口；
15—减二中回流出口；16—过汽化油入口

降低。润滑油型减压塔由于对馏分的馏程宽度有较高要求，故其塔板总数多于燃料型减压塔。1987 年投产的一套润滑油型常减压蒸馏装置，采用了填料与网孔塔板混合型减压塔，加工临商原油，馏分的馏程很窄（70℃或90℃），色度和残炭值接近大庆原油馏分。塔内各段塔板数和填料种类及高度见图 1-23。

近几年来，为了提高润滑油馏分质量，润滑油型减压塔逐渐采用了新型高效规整填料，并配合以分布性能良好的多级槽式液体分布器，取得了显著的效果。

2. 蒸汽喷射器

蒸汽喷射器（或蒸汽喷射泵）及结构简图如图 1-24 所示。

蒸汽喷射器由喷嘴、扩张器和混合室构成。高压工作蒸汽进入喷射器中，先经收缩喷嘴将压力能变成动能，在喷嘴出口处可以达到极高的速度（1000～1400m/s）外，形成了高度真空。不凝气从进口处被抽吸进来，在混合室内与驱动蒸汽混合并一起进入扩张器，扩张器中混合流体的动能又转变为压力能，使压力略高于大气压，混合气从出口排出。

3. 增压喷射器

在抽真空系统中，不论是采用直接混合冷凝器、间接式冷凝器还是空冷器，其中都会有水存在。水在其本身温度下有一定的饱和蒸气压，故冷凝器内总是会有若干水蒸气。因此，理论上冷凝器中所能达到的残压最低只能达到该处温度下水的饱和蒸气压。减压塔顶所能达到的残压应在上述的理论极限值上加上不凝气的分压、塔顶馏出管线的压降、冷凝器的压降，所以减压塔顶残压要比冷凝器中水的饱和蒸气压高，当水温为 20℃ 时，冷凝器所能达到的最低残压为 0.0023MPa，此时减压塔顶的残压就可能高于 0.004MPa。

实际上，20℃ 的水温是不容易达到的，二级或三级蒸汽喷射抽真空系统，很难使减压塔顶达到 0.004MPa 以下的残压。如果要求更高的真空度，就必须打破水的饱和蒸气压这个极限。因此，在塔顶馏出气体进入一级冷凝之前，再安装一个蒸汽喷射器使馏出气体升压，如图 1-25 所示。

由于增压喷射器前面没有冷凝器，所以塔顶真空度就能摆脱水温限制，而相当于增压喷射器所能造成的残压加上馏出线压力降，使塔内真空度达到较高程度。但是，由于增压喷射器消耗的水蒸气往往是一级蒸汽喷射器消耗蒸汽量的四倍左右，故一般只用在夏季、水温高、冷却效果差、真空度很难达到要求的情况下使用。

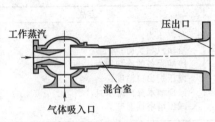

图 1-24　蒸汽喷射器结构简图

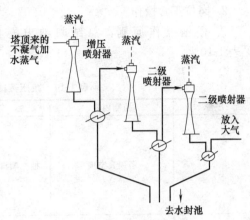

图 1-25　增压喷射器

三、分析减压蒸馏操作影响因素，确定操作条件

减压蒸馏操作的主要目标是提高拔出率和降低能耗。因此，减压系统操作指标除与常压系统大致相同外，还与真空度有关。在其他条件不变时，提高真空度，即可增加拔出率。减压塔汽化段的压力直接影响拔出率。如果上升蒸汽通过上部塔板的压力降过大，那么要想使汽化段有足够高的真空度是很困难的。影响汽化段的真空度的主要因素如下。

1. 塔板压力降

塔板压力降过大，当抽空设备能力一定时，汽化段真空度就越低，不利于进料油汽化，拔出率降低，所以，在设计时，在满足分馏要求的情况下，尽可能减少塔板数，选用阻力较小的塔板以及采用中段回流等，使蒸汽分布尽量均匀。

2. 塔顶气体导出管的压力降

为了降低减压塔顶至大气冷凝器间的压力降，一般减压塔顶不出产品，采用减一线油打循环回流控制塔顶温度，这样，塔顶导出管蒸出的只有不凝气和塔内吹入的水蒸气，由于塔顶的蒸气量大为减少，因而降低了压力降。

3. 抽空设备的效能

采用二级蒸汽喷射抽空器，一般能满足工业上的要求。对处理量大的装置，可考虑用并联二级抽空器，以利抽空。抽空器的严密和加工精度、使用过程中可能产生的堵塞、磨损程度，也都影响抽空效能。

4. 其他

除了上述设备条件外，抽空器使用的水蒸气压力、大气冷凝器用水量及水温的变化，以及炉出口温度、塔底液面的变化都影响汽化段的真空度。

四、减压蒸馏操作

1. 首先学习操作原则

① 严格遵守操作规程，认真执行工艺卡片，搞好平稳操作，确保产品质量合格，努力降低水、电、蒸汽等消耗。

② 严格执行安全生产制度，生产出现问题及时处理并向上级汇报。

③ 严格控制各界面，液面在 $30\% \sim 70\%$。

④ 努力维持高的真空度，提高蜡油收率。

⑤ 合理分配各段回流量，使全塔压降最低并提高热量回收率。

2. 岗位正常操作

① 根据操作原则，总结归纳出操作要点。减压蒸馏操作参数的控制与调节，见表 1-10。

表 1-10   减压蒸馏操作参数的控制与调节

序号	控制内容	控制手段	调节方法
1	塔顶真空度	抽空蒸汽的压力和流量	蒸汽压力； 塔顶汽相负荷； 冷却设备的冷却能力； 减压炉出口温度； 减顶油水分离罐水封； 减压塔塔顶温度
2	进料温度	减压炉出口温度	减压塔进料量
3	塔顶温度	一线回流量	一线回流温度； 二中、三中回流量； 减压炉出口温度； 减压塔进料量
4	塔底吹气量和炉管注汽量	塔顶真空度	馏出口温度

② 操作参数调节。按操作要领在常减压蒸馏仿真软件减压部分（图 1-26）上调节相关参数，注意各参数间的联系。

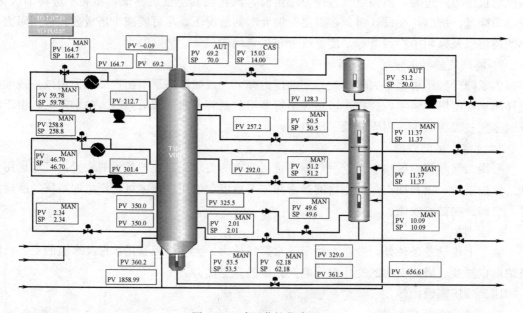

图 1-26   减压蒸馏仿真画面

【考核评价】

减压蒸馏操作学习评价见表 1-11。

表 1-11　减压蒸馏操作学习评价

学习目标	评价项目	评价标准	评价			
			优	良	中	差
认识减压蒸馏设备，掌握工艺原理和工艺特征	减压塔	说清其结构、作用、工艺特点				
	蒸汽喷射器	说清其结构、作用、工作原理				
会减压操作	减压操作影响因素分析	分析温度、压力、回流比、气流速度对精馏效果的影响				
	正常操作法	讲清减压塔顶温度、真空度、塔底液位的控制目标及控制方式				
能进行异常处理	异常现象	说明减压蒸馏过程中出现异常现象的原因				
	处理方法	针对产生异常的原因提出相应的措施				

评价人：

【归纳总结】

读懂减压蒸馏部分带控制点的工艺流程，找出控制点的位置；重点掌握减压精馏塔的工艺特征；会调节控制塔顶真空度；对异常现象能分析、判断。

【拓展训练】

原油减压蒸馏部分参数的异常控制与调节，会分析异常现象，找出原因，进行处理，调节正常。

一、回流中断

回流中断现象与处理方法见表 1-12。

表 1-12　回流中断现象与处理方法

现象	影响因素	处理方法
回流指示回零、塔内温度升高	①集油箱空	①利用其他回流控制塔内温度，若一线集油箱空，可联系收蜡油；若二线集油箱空，在适当降低处理量的同时还要注意泵用封油的压力(若降低可采用提高混合蜡油背压或切换进口泵)。三四线集油箱空，适当降低处理量，增加一二线回流量
	②机泵或仪表失灵	②切换备用泵、控制阀，改走副线

二、冲塔

冲塔现象与处理方法见表 1-13。

表 1-13　冲塔现象与处理方法

现象	影响因素	处理方法
塔顶及侧线产品变黑、温度升高、真空度下降	①吹汽带水	①停吹汽、脱水
	②回流中断	②联系调度收蜡油，加大其他回流并恢复中断的回流
	③塔底泵故障或渣油出装置不畅使塔底液面超高	③迅速降量、切换备泵、疏通渣油通路
	④仪表或控制阀失灵	④联系仪表检修

任务 5　常减压蒸馏装置——冷态开车仿真操作

【任务介绍】

小张经过常减压工艺流程和主要岗位操作的学习和训练以后，王师傅告诉他可以进行常减压装置冷态开车的仿真操作。王师傅对于装置仿真操作的学习训练，给小张指出了学习要点：①熟悉装置的工艺流程；②清楚操作工艺指标；③岗位正常操作的调节控制法；④装置冷态开车操作规程。

　　知识目标：熟悉仿真软件上 DCS 和现场流程画面；熟悉冷态开车操作方法；熟悉流量、压力、温度等控制调节方法。

　　能力目标：能依照操作规程，在装置仿真软件上进行装置的冷态开车、正常调节操作。

【任务分析】

　　装置的冷态开车和正常调节仿真操作，是模拟现场训练操作工的一种非常有效的学习训练方法。通过仿真操作的训练，使新上岗的操作工能缩短上岗以后的学习时间，能很快独立上岗。

　　工艺流程和工艺指标是顺利进行装置冷态开车及正常操作控制的基础。因此，只有在熟悉工艺流程和工艺指标的前提下方可进行装置的冷态开车及正常操作。

　　王师傅根据自己的经验，给小张设计了一个仿真操作实施的具体方案：熟悉装置总貌图流程→装置的 DCS 和现场流程→工艺指标→冷态开车操作规程及岗位正常操作法→冷态开车和正常调节操作。

【任务实施】

一、训练准备

熟悉工艺流程及其原理，见图 1-27。本装置为常减压蒸馏装置，原油用泵抽送到换热器，换热至 110℃ 左右，加入一定量的破乳剂和洗涤水，充分混合后进入一级电脱盐罐。同时，在高压电场的作用下，使油水分离。脱水后的原油从一级电脱盐罐顶部集合管流出后，再注入破乳剂洗涤水充分混合后进入二级电脱盐罐，同样在高压电场作用下，进一步油水分离，达到原油电脱盐的目的。然后再经过换热器加热到一般大于 200℃ 进入蒸发塔，在蒸发塔拔出一部分轻组分。拔头油再用泵抽送到换热器继续加热到 280℃ 以上，然后去常压炉升温到 356℃ 进常压塔，在常压塔拔出重柴油以前组分，高沸点重组分再用泵抽送减压炉升温

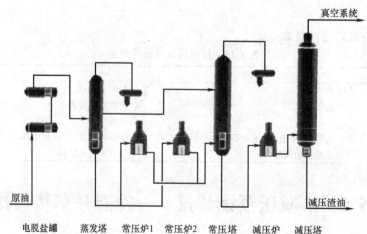

图 1-27　常减压蒸馏装置工艺流程

到 386℃进减压塔，在减压塔拔出润滑油料，塔底重油经泵抽送到换热器、冷却槽，最后出装置。

二、上机操作

1. 冷态开车

① 装油。

② 点火升温。

2. 正常运行

① 常压系统转入正常生产。

② 减压塔系统转入正常。

③ 电脱盐及其他系统转入正常。

【考核评价】

以计算机评价系统评分为准。

【归纳总结】

熟悉工艺流程和操作规程、操作工艺指标，在装置仿真软件上完成冷态开车和正常生产的操作。

焦化汽油、柴油的生产

【学习情境描述】

延迟焦化是一种重质油热加工工艺,是炼油厂重质油轻质化、提高炼厂轻油收率的一种手段。生产装置由焦化反应、分馏、除焦等系统组成。因此,焦化生产车间主要岗位有焦化反应岗、分馏岗。通过此学习情境,学习者应在熟悉工艺流程的基础上,能在延迟焦化装置的仿真软件上完成装置的开、停工及岗位的正常控制调节和异常处理操作。

任务 1　认识延迟焦化装置和流程

【任务介绍】

某石化高职院有八名石油化工生产技术专业大二学生到焦化车间认识实习半个月,实习前指导教师布置了学习任务:

① 认识流程和装置;

② 学习岗位的正常操作方法。

学生依据老师布置的任务,从学习流程开始。对于装置和流程的学习,老师提出了以下几点要求:

① 清楚焦化原料的性质;

② 知道焦化产物;

③ 了解此工艺涉及的单元操作及对应的设备;

④ 熟悉装置组成;

⑤ 看懂原则流程;

⑥ 画出原则流程框图。

知识目标:了解焦化的原料来源和产品的特点;了解延迟焦化装置组成及各部分的任务。

能力目标:能叙述延迟焦化的工艺过程并会绘制原则流程。

【任务分析】

工艺流程是掌握各种加工过程的基础,作为合格的燃料油生产工,只有在熟悉工艺流程的基础上才可以进行装置的操作、条件的优化,才能生产出高质量的产品。

学生按照老师给设计的认识流程的路线来学习:认识装置→认识流程→识读流程→绘制原则流程框图。

【相关知识】

一、延迟焦化的定义

焦化，是以重质石油残油为原料，在常压液相下进行长时间深度热裂化过程。其目的是生产焦化汽油、柴油、催化裂化原料（焦化蜡油）和工业用石油焦。其中焦化汽油和柴油的安定性较差，需进一步精制加工。

所谓延迟是指将焦化油（原料油和循环油）经过加热炉加热迅速升温至焦化反应温度，在反应炉管内不生焦，而进入焦炭塔再进行焦化反应，故有延迟作用，称为延迟焦化技术。

二、焦化原料、产品及特点

1. 焦化原料

用作焦化的原料主要有减压渣油、减黏裂化渣油、脱沥青油、热裂化焦油、催化裂化澄清油、裂解渣油及煤焦油沥青等。选择焦化原料时主要参考原料的组成和性质，如密度、特性因数、残炭值、硫含量、金属含量等指标，以预测焦化产品的分布和质量。

2. 焦化产品

焦化产品的分布和质量受原料的组成和性质、工艺过程、反应条件等多种因素影响。典型的操作条件下，延迟焦化过程产品收率为：焦化气体 7%～10%（液化气＋干气）；焦化汽油 8%～15%；焦化柴油 26%～36%；焦化蜡油 20%～30%；焦炭产率 16%～23%。

焦化气体经脱硫处理后可作为制氢原料或送燃料管网做燃料使用。

其中焦化汽油烯烃、硫、氮和氧含量高，安定性差。需经脱硫化氢、硫醇等精制过程才能作为调合汽油的组分。

焦化柴油的十六烷值高，凝固点低。但烯烃、硫、氮、氧及金属含量高，安定性差。需经脱硫、氮杂质和烯烃饱和的精制过程，才能作为合格的柴油组分。

焦化蜡油是指 350～500℃的焦化馏出油，又叫焦化瓦斯油（CGO）。由于硫、氮化合物、胶质、残炭等含量高，是二次加工的劣质蜡油，目前通常掺炼到催化或加氢裂化作为原料。

焦炭又叫石油焦，可用作固体燃料，也可经煅烧及石墨化后制造炼铝和炼钢的电极。

三、生产装置组成与工艺流程

1. 生产装置

延迟焦化生产装置（见图 2-1）由焦化、分馏、除焦系统等几个部分组成。

（1）焦化　焦化原料在塔内发生热裂化和缩合反应，最终转化为轻烃和焦炭。

（2）分馏　反应油气进入分馏塔，经过分馏得到气体、粗汽油、柴油、蜡油和循环油。

（3）除焦　包括切换、吹汽、水冷、放水、开盖、切焦、闭盖、试压、预热和切换几道工序。延迟焦化装置采用水力除焦，水力除焦是用压力为 12～28MPa 高压水流，使用不同用途的专用切割器对焦炭层进行钻孔、切割和切碎，将焦炭由塔底排入焦炭池中。

2. 工艺流程

焦化系统工艺流程有不同的类型，就生产规

图 2-1　延迟焦化生产装置

模而言，有一炉两塔流程、两炉四塔流程等。图 2-2 为一炉两塔延迟焦化-分馏工艺流程。

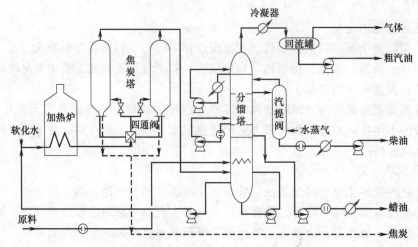

图 2-2　一炉两塔延迟焦化-分馏工艺流程

　　原料油由原料油泵抽出至换热器，再经过加热炉对流室预热到 330℃ 左右，进分馏塔人字挡板，与焦炭塔来的油气换热。塔底油由辐射进料泵抽出，经加热炉辐射室加热至 492～500℃（加热炉辐射管注入一定量的软化水用以加快流速，防止炉管结焦），通过四通阀门进入焦炭塔，在焦炭塔内进行焦化反应，生成油气和焦炭，焦炭聚积在焦炭塔内，焦炭塔顶出来的油气进入分馏塔。油气与原料中的轻组分经分馏塔分馏得到气体、汽油、柴油、蜡油。

　　聚积在焦炭塔内的焦炭首先用小量蒸汽汽提，油气去分馏塔。小量汽提一段时间后进行大量汽提，焦炭塔顶改去放空塔，之后经给水冷却、放水后，进行水力除焦。焦炭塔采用有井架水力除焦，高压水经水龙带、风动水龙头和钻杆而进入切焦器，由切焦器上的喷嘴喷出，利用高压水喷射动能冲击塔内焦炭使其碎裂成块而清出，流入储焦场。

　　分馏塔内蜡油由经蜡油泵抽出，经过空冷、后冷器出装置。

　　中段油从分馏塔第 9 层塔板经中段泵抽出至蒸发器，然后回流至分馏塔第 15 层塔板作为中段回流，用于降低精馏段气液负荷和取出热量。

　　柴油由分馏塔抽出，进入柴油汽提塔经水蒸气汽提后，气相返回分馏塔，液相（柴油）经换热、冷却出装置。

　　顶循环回流油由分馏塔第 25 层塔板经顶循环泵抽出，经顶循与瓦斯换热器、顶循空冷器，由塔顶循环回流泵经分馏塔顶后冷器送入第 29 层，以控制塔顶温度。

　　分馏塔顶油气经塔顶空冷器、水冷器进入油水分离器，分离出富气和汽油，汽油用汽油泵送出装置。

　　富气一小部分作焦化装置加热炉燃料使用，大部分富气由制氢装置压缩机回收，并控制焦化装置系统压力（60kPa）、过剩富气和放空系统瓦斯去气柜。

【任务实施】

　　一、上现场认识生产装置
　　① 要先弄清楚生产装置，包括焦化反应、分馏等工序组成。
　　② 熟悉每道工序主体设备的名称、作用。
　　二、认识流程
　　延迟焦化工艺过程见图 2-3。

图 2-3　延迟焦化工艺过程

① 熟悉焦化反应流程：弄清装置处理焦化的原料油来源、反应产物组成。
② 熟悉分馏流程：焦化反应产物经过蒸馏得到的产物及产物的去向。
③ 按箭头所示熟悉流程。
三、读原则流程
由延迟焦化工艺流程叙述其工艺过程。
四、绘制原则流程框图
先画主要设备，将其逐一摆好位置，然后再连线，完成工艺流程框图。

【归纳总结】

重点掌握延迟焦化的定义和工艺流程；知道原料的来源和产品的特点；会讲工艺流程和绘制流程框图。

【拓展训练】

原则流程的绘制训练（上机操作）。

任务 2　延迟焦化反应与操作

【任务介绍】

焦化等热加工过程所处理的原料，都是石油的重质馏分或重油、残油等。它们的组成复杂，是各类烃和非烃的高度复杂混合物。在受热时，首先反应的是那些对热不稳定的烃类，随着反应的进一步加深，热稳性较高的烃类也会进行反应。烃类在加热条件下的反应基本上可分为两个类型，即裂解与缩合（包括叠合）。裂解产生较小的分子为气体，缩合则朝着分子变大的方向进行，高度缩合的结果便产生胶质、沥青质乃至最后生成碳氢比很高的焦炭。为了更好地了解延迟焦化的反应过程，首先应了解单体烃的反应及反应特点。

分析焦化反应操作的影响因素，控制焦炭塔顶温度、压力，保证反应系统平稳操作。

知识目标：了解延迟焦化发生的化学反应类型及其反应特点；熟悉焦炭塔的作用、构造；熟悉焦化反应系统带控制点的工艺流程；掌握延迟焦化反应系统的操作因素。

能力目标：能根据反应影响因素分析，确定焦炭塔的操作条件；能在仿真软件上依据操作规程处理异常现象和进行正常调节。

【任务分析】

焦化产品的数量和质量，取决于原料中的各类烃所进行的反应，为了更好地控制生产，以达到高产优质的目的，就必须了焦化反应的实质、特点以及影响反应进行的因素。

对于延迟焦化装置，反应系统是装置的核心部分，这个系统操作是否平稳，对整个装置的影响极大。搞好平稳操作的关键在于控制好物料平衡和热量平衡。

【相关知识】

一、延迟焦化反应类型

焦化等热加工过程所处理的原料，都是石油的重质馏分或重油、残油等。它们的组成复杂，是各类烃和非烃的高度复杂混合物。在受热时，首先反应的是那些对热不稳定的烃类，随着反应的进一步加深，热稳性较高的烃类也会进行反应。烃类在加热条件下的反应基本上可分为两个类型，即裂解与缩合（包括叠合）。

1. 裂解反应

热裂解反应是指烃类分子发生 C—C 键和 C—H 键的断裂，但 C—H 键的断裂要比 C—C 键断裂难，因此，在热裂解条件下主要发生 C—C 断裂，即大分子裂化为小分子反应。烃类的裂解反应是依照自由基反应机理进行的，并且是一个吸热反应过程。

各类烃中正构烷烃热稳定性最差，且相对分子质量越大越不稳定。如在 425℃ 温度下裂化 1h，$C_{10}H_{22}$ 的转化率为 27.5%，而 $C_{32}H_{66}$ 的转化率则为 84.5%。大分子异构烷烃在加热条件下也可以发生 C—H 键的断裂反应，结果生成烯烃和氢气。这种 C—H 键断裂的反应在小分子烷烃中容易发生，随着相对分子质量的增大，脱氢的倾向迅速降低。

环烷烃的热稳性较高，在高温下（575～600℃）五元环烷烃可裂解成为两个烯烃分子。除此之外，五元环的重要反应是脱氢反应，生成环戊烯。六元环烷烃的反应与五元环烷烃相似，唯脱氢较为困难，需要更高的温度。六元环烷烃的裂解产物有低分子的烷烃、烯烃、氢气及丁二烯。

带长侧链的环烷烃，在加热条件下，首先是断侧链，然后才是断环。而且侧链越长，越易断裂。断下来的侧链反应与烷烃相似。

多环环烷烃受热分解可生成烷烃、烯烃、环烯烃及环二烯烃，同时也可以逐步脱氢生成芳烃。

芳烃，特别是低分子芳烃，如苯及甲苯对热极为稳定。带侧链的芳烃主要是断侧链反应，即"去烷基化"，但反应温度较高。直侧链较支侧链不易断裂，而叔碳基侧链则较仲碳基侧链更容易脱去。侧链越长越易脱掉，而甲苯是不进行脱烷基反应的。侧链的脱氢反应，也只有在很高的温度下才能发生。

直馏原料中几乎没有烯烃存在，但其他烃类在热分解过程中都能生成烯烃，烯烃在加热条件下，可以发生裂解反应，其碳链断裂的位置一般发生在双键的 β 位上，其断裂规律与烷烃相似。

2. 缩合反应

石油烃在热的作用下除进行分解反应外，还同时进行着缩合反应，所以使产品中存在相当数量的沸点高于原料油的大分子缩合物，以至焦炭。缩合反应主要是在芳烃及烯烃中进行。

芳烃缩合生成大分子芳烃及稠环芳烃。烯烃之间缩合生成大分子烷烃或烯烃。芳烃和烯烃缩合成大分子芳烃。缩合反应总趋势为：

烷烃 → 烯烃

芳烃————→缩合产物——→胶质、沥青质——→碳青质

二、延迟焦化反应原理

1. 延迟焦化反应步骤

延迟焦化过程的反应机理复杂，无法定量地确定其所有的化学反应。可以认为在延迟焦化过程中，重油热转化反应是分两步进行的。

（1）原料加热　原料油在加热炉中很短时间内被加热至 $450 \sim 510 \, ℃$，少部分原料油发生轻度缓和热反应。

（2）焦化反应　从加热炉出来，已经部分反应和汽化的原料油进入焦炭塔。根据焦炭塔内的工艺条件，塔内物流为气-液相混合物。气液两相分别在塔内的温度、时间条件继续发生裂化、缩合反应，即：

① 焦炭塔内油气在塔内主要进行持续裂化反应；

② 焦炭塔内的液相重质烃在塔内持续发生裂化、缩合反应，直至生成烃类蒸气和焦炭为止。

2. 焦炭的生成机理

焦化过程中，重油中的沥青质、胶质和芳烃分别按照以下两种反应机理生成焦炭。

① 沥青质和胶质的胶体悬浮物，发生"歧变"形成交联结构的无定形焦炭。这些化合物还发生一次反应的烷基断裂，这可以从原料的胶质-沥青质化合物与生成的焦炭在氢含量上有很大差别得到证实（胶质-沥青质的碳氢比为 $8 \sim 10$，而焦炭的碳氢比为 $20 \sim 24$）。胶质-沥青质生成的焦炭具有无定形性质且杂质含量高，所以这种焦炭不适合制造高质量的电极焦。

② 芳烃叠合和缩合，由芳烃叠合反应和缩合反应所生成的焦炭具有结晶的外观，交联很少，与由胶质-沥青质生成的焦炭不同。使用高芳烃、低杂质的原料，例如热裂化焦油、催化裂化澄清油和含胶质-沥青质较少的直馏渣油所生成的焦炭，再经过焙烧、石墨化后就可得到优质电极焦。

【任务实施】

一、熟悉焦化反应部分工艺流程

熟悉焦化反应部分工艺流程，找出控制点和控制阀（见图 2-4）。

二、熟悉焦化反应设备

熟悉焦化反应设备——焦炭塔，了解其构造和作用。

焦炭塔是延迟焦化装置的主要设备，实际上是一个空塔，它为油气反应提供了所需的空间和时间，是延迟焦化装置的重要标志。

焦炭塔就是一个大的反应器，里面没有任何内部构件，整个塔体由锅炉钢板拼凑焊接而成。图 2-5 是某延迟焦碳塔结构，根据各段生产条件不同，自上而下分别由 24mm、28mm、30mm 三种厚度钢板组成。在上封头开有除焦口、油出口、放空口及泡沫小塔口；下部 30° 斜度的锥体，锥体下端设有为除焦和进料的底盖。底盖用 35CrMn 钢铸造后，经过热处理以满足热应力要求。用 56 个 30CrMoA、M30mm×220mm 的螺栓固定在锥体法兰上，进料口

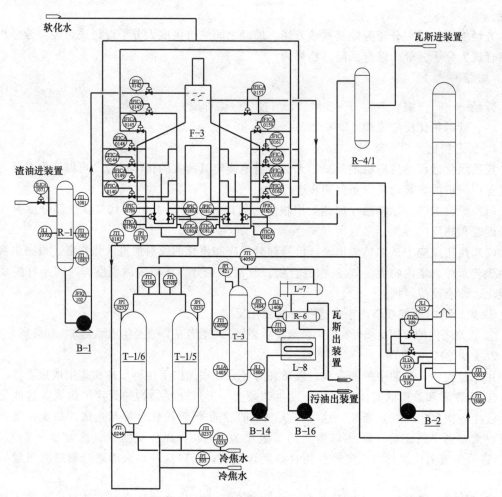

图 2-4   延迟焦化装置反应部分工艺流程

短管在底盖的中心垂直向上。塔侧筒体不同高度上装有^{60}Co 放射性料面计及为循环预热用的瓦斯进口。

三、分析焦化反应影响因素，确定操作条件

1. 原料性质

焦化过程的产品分布及其性质在很大程度上取决于原料的性质。

随着原料油密度增大，焦炭产率增大，汽油收率增加缓慢，柴油及蜡油产率下降明显，气体收率影响较小。

对于同种原油而拔出深度不同的减压渣油，随着减压渣油产率的下降，焦化产物中蜡油产率和焦炭产率增加，而轻质油产率则下降。

加热炉炉管内结焦的情况还与原料油性质有关。研究认为，性质不同的原料油具有不同的最容易结焦的温度范围，此温度范围称为临界分解温度范围。原料油的特性因数 K 值越大，则临界分解温度范围的起始温度越低。在加热炉加热时，原料油应以高流速通过处于临界分解温度范围的炉管段，缩短在此温度范围中的停留时间，从而抑制结焦反应。

原油中所含的盐类几乎全部集中到减压渣油中。在焦化炉管里，由于原料油的分解、汽化，使其中的盐类沉积在管壁上。因此，焦化炉管内结的焦实际上是缩合反应产生的焦炭与盐垢的混合物。为了延长开工周期，必须限制原料油的含盐量。

2. 循环比

在生产过程中，反应物料实际上是新鲜原料与循环油的混合物。循环比定义为：

循环比＝循环油量/新鲜原料油量

联合循环比＝（新鲜原料油量＋循环油量）/

新鲜原料油量＝1＋循环比

在实际生产中，循环油并不单独存在，是在分馏塔下部脱过热段，因反应油气温度的降低，重组分油冷凝冷却后进入塔底，这部分油就称为循环油。它与原料油在塔底混合后一起送入加热炉的辐射管，而新鲜原料油则进入对流管中预热，因此，在生产实际中，循环油流量可由辐射管进料量与对流管进料流量之差来求得。对于较重的、易结焦的原料，由于单程裂化深度受到限制，就要采用较大的循环比，有时达 1.0 左右；对于一般原料，循环比为 0.1～0.5。循环比增大，可使焦化汽油、柴油收率增加，焦化蜡油收率减少，焦炭和焦化气体的收率增加。

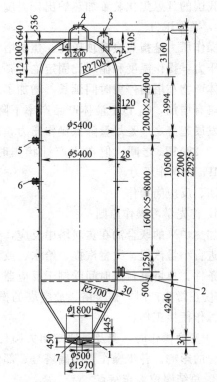

图 2-5 焦炭塔结构（单位：mm）

1—进料口短管；2—预热油气入口；3—泡沫小塔口；
4—除焦口；5,6—^{60}Co 料面计口；7—排焦口

降低循环比也是延迟焦化工艺发展趋向之一，其目的是通过增产焦化蜡油来扩大催化裂化和加氢裂化的原料油量。然后，通过加大裂化装置处理量来提高成品汽油、柴油的产量。另外，在加热炉能力确定的情况下，低循环比还可以增加装置的处理能力。降低循环比的办法是减少分馏塔下部重瓦斯油回流量，提高蒸发段和塔底温度。

3. 操作温度

混合原料在焦炭塔中进行反应需要高温，同时需要供给反应所需的反应热，这些热量完全由加热炉供给。为此，加热炉出口温度要求达到 500℃ 左右。混合原料在炉管中被迅速加热并有部分气化和轻度裂化。为了使处于高温的混合原料在炉管内不要发生过多的反应造成炉管内结焦，就要保持一定的流速（通常在 2m/s 以上），控制停留时间。为此，需向炉管内注水（或水蒸气）以加快炉管内的流速，注水量通常为处理量的 2% 左右。同时对加热炉要求是炉膛的热分布良好、各部分炉管的表面热强度均匀、而且炉管环向热分布良好，尽可能避免局部过热的现象发生；还要求炉内有较高的传热速率，以便在较短的时间内向油品提供足够的热量。通过以上措施，严格控制原料油在炉管内的反应深度、尽量减少炉管内的结焦，使反应主要在焦炭塔内进行。

焦化温度一般是指焦化加热炉出口温度或焦炭塔温度。它的变化直接影响到炉管内和焦炭塔内的反应深度，从而影响到焦化产物的产率和性质。提高焦炭塔温度将使气体和石脑油收率增加，瓦斯油收率降低。焦炭产率将下降，并将使焦炭中挥发分下降。但是，焦炭塔温度过高，容易造成泡沫夹带并使焦炭硬度增大，造成除焦困难。温度过高还会使加热炉炉管和转油线的结焦倾向增大，影响操作周期。如焦炭塔温度过低，则焦化反应不完全将生成软焦或沥青。

我国的延迟焦化装置加热炉出口温度一般均控制在 495～505℃范围之内。

4. 操作压力

操作压力是指焦炭塔顶压力。焦炭塔顶最低压力是为克服焦化分馏塔及后继系统压降所需的压力。操作温度和循环比固定之后，提高操作压力将使塔内焦炭中滞留的重质烃量增多和气体产物在塔内停留时间延长，增加了二次裂化反应的概率，从而使焦炭产率增加和气体产率略有增加，C_5 以上液体产品产率下降；焦炭的挥发分含量也会略有增加。延迟焦化工艺的发展趋势之一是尽量降低操作压力，以提高液体产品的收率。一般焦炭塔的操作压力在 0.1～0.28MPa 之间，但在生产针状焦时，为了使富芳烃的油品进行深度反应，采用约 0.7MPa 的操作压力。

四、反应岗操作

1. 首先学习操作原则

加热炉来的联合油在焦炭塔中反应，生成油气和焦炭。生焦结束后，老塔换新塔生产，老塔进行小量汽提、大量汽提、给水、放水、除焦处理，除焦后的新塔进行试压、预热达到换塔条件。单塔进料总时间受制于反应器（焦炭塔）内需保留的安全料面高度。

① 正常生产时，焦炭塔、放空塔的操作要严格执行操作规程和工艺卡片。做好各岗位之间操作衔接工作。

② 变换操作时，要及时通知相关岗位。由于焦炭塔周期性生产的特点，尽量减少对其他岗位的影响。各步操作要明确塔号、部位。

2. 总结岗位操作特点

由于焦炭塔周期性生产的特点，焦炭塔岗的操作也是周期性的。处理能力大的装置有三炉六塔的，在操作之前要正确判断进行该项操作的条件是否具备，共用的冷焦水系统、放空系统和除焦系统的时间安排要合理错开，发生故障时要及时进行处理，尽量避免分炉。

3. 岗位正常操作

① 根据操作原则，总结归纳出操作要点。工艺参数的控制与调节，见表 2-1。

表 2-1　工艺参数的控制与调节

序号	控制内容	控制手段	调节方法
1	焦炭塔顶温度	急冷油的流量	急冷油流量； 处理量； 进料温度
2	焦炭塔顶压力	分馏塔蒸发段压力	加工量； 分馏塔蒸发段压力； 给水、给汽量

② 操作参数调节。按操作要领在焦化装置仿真软件反应部分（见图 2-6）上调节相关参数，注意各参数间的联系。

【归纳总结】

读懂延迟焦化反应部分带控制点的工艺流程，找出控制点的位置；掌握焦化反应；分析出原料性质、循环比、操作温度及比对焦化反应的影响；会调节控制焦炭塔顶温度、压力。

【拓展训练】

焦化反应部分异常处理（仿真操作）。

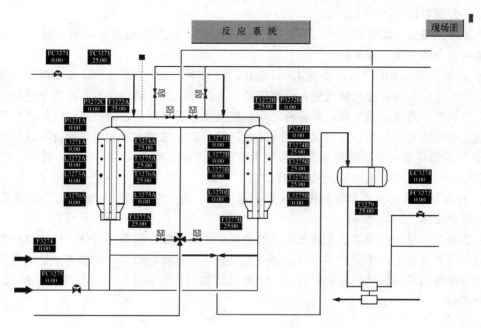

图 2-6　焦化装置反应部分仿真流程

任务 3　分　馏　操　作

【任务介绍】

延迟焦化的分馏系统是将焦炭塔顶来的过热油气按照不同的馏程分离成裂解气、汽油、柴油、蜡油等馏分。

分馏操作是在延迟焦化分馏塔中完成，焦化分馏塔与一般精馏塔相比有其自身特点。

知识目标：了解焦化分馏塔的构造、作用和工艺特点；熟悉分馏系统带控制点的工艺流程。

能力目标：能根据分馏操作影响因素分析，确定分馏塔的操作条件；能在仿真软件上依据操作规程处理异常现象和进行正常调节。

【任务分析】

焦炭塔顶来的过热油气经精馏分离出不同沸程范围的馏分。若想得到合格的馏分油，就要熟悉影响分馏操作的因素，经过影响因素分析，确定适宜操作条件。控制全塔的物料平衡和热平衡，即控制塔底的液位稳定、塔顶温度稳定。按照操作规程在装置仿真软件上进行岗位的正常操作、异常调节。

【相关知识】

一、分馏塔的作用

作用是把来自焦炭塔顶的高温油气，按其组分的挥发度不同分割成富气、汽油、柴油、蜡油、重蜡油及部分循环油等馏分，并保证各产品的质量合格，达到规定的质量指标要求。

二、分馏塔的工艺特点

延迟焦化装置分馏塔的工作原理与常减压蒸馏装置的常压塔基本相同，但为了防止结焦，也会有不同之处，表现如下。

① 由焦炭塔顶来的油气温度在450℃左右，因为油气中主要是汽油、柴油馏分，所以此油气是处于过热状态。过热油气进入分馏塔底，进口在新鲜进料口的下方，两个进口之间设置了人字挡板，为过热油气和新鲜进料之间的换热提供了充分接触的空间和时间，使两种进料的混合物达成饱和状态，进而保持一定的线速度，达成精馏效果，防止冲塔事故的发生。

② 在分馏塔底设置了循环油流程，使重质油在循环流程中不停的流动，减少重质油在分馏塔底的停留时间，达到防止结焦的目的。

③ 在分馏塔底的循环油流程中，设置了过滤器，通过定期清理过滤器，以脱除由过热油气夹带的焦沫。

分馏塔的产品从上而下依次是气体、汽油馏分、柴油馏分和蜡油馏分。蜡油馏分的馏程与常减压蒸馏装置的减压馏分油相似，但是其组分中不饱和烃较多，并含有少量的焦炭，不易作润滑油溶剂脱油脱蜡装置的原料，一般焦化蜡油都作为催化裂化的原料，以增加汽油、柴油的产量。

【任务实施】

一、熟悉焦化分馏部分工艺流程

熟悉焦化分馏部分工艺流程，找出控制点和控制阀（见图2-7）。

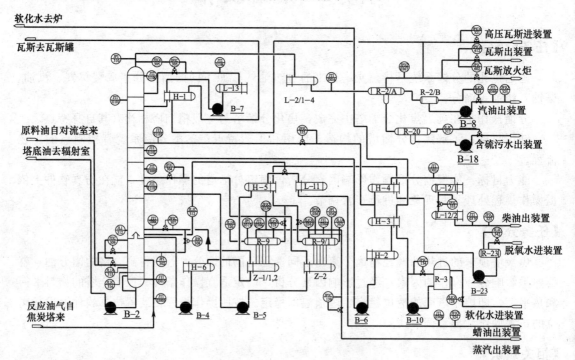

图 2-7　延迟焦化分馏部分工艺流程

二、分析分馏操作影响因素，确定操作条件

分馏塔分离效能的好坏的主要标志是分离精确度。分馏精确度的高低，除与分馏塔的结构（塔板形式、板间距、塔板数等）有关外，在操作上的主要影响因素是温度、压力、回流

量、塔内气体线速度、水蒸气吹入量及塔底液面等。

1. 温度

油气入塔温度，特别是塔顶、侧线温度都应严加控制。要保持分馏塔的平稳操作，最重要的是维持反应温度恒定。处理量一定时，油气入口温度高低直接影响进入塔内的热量，相应地塔顶和侧线温度都要变化，产品质量也随之变化。当油气温度不变时，回流量、回流温度、各馏出物数量的改变也会破坏塔内热平衡状态，引起各处温度的变化，其中最灵敏地反映出热平衡变化的是塔顶温度。

2. 压力

油品馏出所需温度与其油气分压有关，油气分压越低，馏出同样的油品所需的温度越低。油气分压是设备内的操作压力与油品分子分数的乘积；当塔内水蒸气量和惰性气体量（反应带入）不变时，油气分压随塔内操作压力的降低而降低。因此，在塔内负荷允许的情况下，降低塔内操作压力，或适当地增加入塔水蒸气量都可以使油气分压降低。

3. 回流量和回流返塔温度

回流提供气、液两相接触的条件，回流量和回流返塔温度直接影响全塔热平衡，从而影响分馏效果的好坏。对焦化分馏塔，回流量大小、回流返塔温度的高低由全塔热平衡决定。随着塔内温度条件的改变，适当调节塔顶回流量和回流温度是维持塔顶温度平衡的手段，以达到调节产品质量的目的。一般调节时以调节回流返塔温度为主。

4. 塔底液面

塔底液面的变化反映物料平衡的变化，物料平衡又取决于温度、流量和压力的平稳。反应深度对塔底液面影响较大。

三、分馏操作

1. 首先学习操作原则

分馏系统负责把焦炭塔顶来的高温油气按其组分的挥发度不同切割成富气、汽油、柴油、蜡油。

① 平稳控制分馏塔各段温度、系统压力、循环比，实现最佳操作。

② 平稳控制塔顶回流罐、原料缓冲罐、塔底液面，调整好顶循环回流、柴油上下回流、中段回流和蜡油回流。合理调整分馏系统的热量和物料平衡，达到操作稳定、质量合格。

③ 在正常生产中，根据生产方案控制好各侧线产品合格，操作波动时，应及时与其他岗位联系，尽量减少对其他岗位的影响。

④ 发生事故时，应与其他岗位密切配合，果断处理，防止事故扩大。

2. 岗位正常操作

① 根据操作原则，总结归纳出操作要点。分馏操作工艺参数的控制与调节，见表2-2。

表 2-2　分馏操作工艺参数的控制与调节

序号	控制内容	主要控制手段	调节方法
1	塔顶温度	顶循流量与塔顶温度串级控制，冷回流流量作为备用手段	冷回流流量 顶回流流量 中部温度
2	塔顶压力	压缩机转速调整塔顶压力	分馏塔顶温度 中段、柴油回流温度及回流量 压缩机转速 塔底及侧线吹气量

续表

序号	控制内容	主要控制手段	调节方法
3	塔底液位	采用入塔新鲜原料量和分馏塔底液面串级调节控制	塔底温度 辐射进料量 塔顶压力

② 操作参数调节：按操作要领在仿真软件上调节相关参数，焦化分馏塔仿真画面见图2-8。注意各参数间的联系。

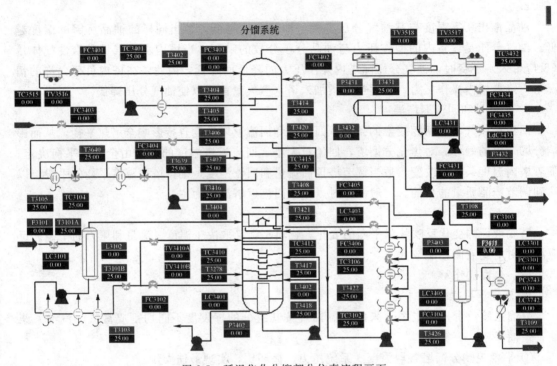

图 2-8　延迟焦化分馏部分仿真流程画面

【归纳总结】

读懂焦化分馏部分带控制点的工艺流程，找出控制点的位置；重点掌握焦化分馏的工艺特征；分析出温度、压力及回流量对精馏效果的影响；会调节控制塔顶温度、压力及塔底液位等。

【拓展训练】

焦化分馏系统异常处理（仿真操作）。

任务4　延迟焦化装置仿真操作

一、延迟焦化冷态开车仿真操作

1. 训练目标

① 熟悉延迟焦化装置工艺流程及相关流量、压力、温度等控制方法。

② 掌握延迟焦化装置开车前的准备工作、冷态开车及正常停车的步骤。

2. 训练准备

① 要仔细阅读延迟焦化装置概述及工艺流程说明，并熟悉仿真软件中各个流程画面符号的含义及如何操作。

② 熟悉仿真软件中控制组画面、手操器组画面的内容及调节方法。

3. 开车步骤

① 开车前准备；

② 收蜡油，闭路循环升温 350℃；

③ 引渣油，切换四通阀；

④ 全面调整操作；

⑤ 启动化学试剂系统，联锁投用。

二、延迟焦化正常停车仿真操作

1. 训练目标

掌握延迟焦化装置停车前的准备工作、停车程序。

2. 停车步骤

① 停工准备；

② 降温、降量、切换四通阀，停压缩机；

③ 降温，切辐射泵，加热炉降温熄火。

催化汽油、柴油的生产

【学习情境描述】

催化裂化过程是原料在催化剂存在时，在 470～530℃ 和 0.1～0.3MPa 的条件下，发生以裂解反应为主的一系列化学反应，转化成气体、汽油、柴油、重质油（可循环作原料或出澄清油）及焦炭的工艺过程。其主要目的是将重质油品转化成高质量的汽油和柴油等产品。

催化裂化是炼油工业中重要的二次加工过程，是重油轻质化的重要手段，在炼油工业中占有重要的地位。生产装置通常包括反应-再生系统、分馏系统、吸收稳定系统、主风及烟气能量回收系统等组成，因此，催化裂化生产车间主要岗位有反应岗、分馏岗、吸收稳定岗、热工岗等。通过此学习情境，学习者应在熟悉流程的基础上，能在催化裂化装置的仿真软件上完成装置的开、停工及岗位的正常调节控制和异常处理操作。

任务 1　认识催化裂化装置和流程

【任务介绍】

某石化高职院有十名石油化工生产技术专业大二学生到催化车间生产实习四周，实习前指导教师布置了学习任务：

① 认识流程和装置；
② 学习岗位的正常操作方法；
③ 学会异常现象的分析。

学生依据老师布置的任务，从学习认识流程开始。对于装置和流程的学习，老师提出了以下几点要求：

① 清楚催化原料油的来源；
② 知道催化产品的特点；
③ 了解此工艺涉及的单元操作及对应的设备；
④ 熟悉装置由哪几部分组成；
⑤ 看懂原则流程；
⑥ 画出原则流程框图。

知识目标：了解催化裂化原料的来源及产品的特点；熟悉催化裂化装置组成及各部分的任务。

能力目标：能叙述催化裂化的工艺过程并会绘制原则流程。

【任务分析】

工艺流程是掌握各种加工过程的基础，作为合格的燃料油生产工，只有在熟悉工艺流程的基础上才可以进行装置的操作、条件的优化，才能生产出高质量的产品。

生产装置和流程的认识是按如下步骤实现的：认识装置→认识流程→识读流程→绘制原则流程。

【相关知识】

一、催化裂化原料、产品及特点

1. 原料油来源

催化裂化原料范围很广，有 350～500℃ 直馏馏分油、常压渣油及减压渣油。也有二次加工馏分如焦化蜡油、润滑油脱蜡的蜡膏、蜡下油、脱沥青油等。

2. 评价原料性能的指标

通常用以下几个指标来评价催化裂化原料的性能。

(1) 馏分组成　馏分组成可以判别原料的轻重和沸点范围的宽窄。原料油的化学组成类型相近时，馏分越重，越容易裂化；馏分越轻，越不易裂化。由于资源的合理利用，近年来纯蜡油型催化裂化越来越少。

(2) 烃类组成　烃类组成通常以烷烃、环烷烃、芳烃的含量来表示。原料的组成随原料来源的不同而不同。石蜡基原料容易裂化，汽油及焦炭产率较低，气体产率较高；环烷基原料最易裂化，汽油产率高，辛烷值高，气体产率较低；芳香基原料难裂化，汽油产率低，而生焦多。

(3) 残炭　原料油的残炭值是衡量原料性质的主要指标之一。它与原料的组成、馏分宽窄及胶质、沥青质的含量等因素有关。原料残炭值高，则生焦多。常规催化裂化原料中的残炭值较低，一般在 0.5% 左右。而重油催化裂化是在原料中掺入部分减压渣油或直接加工全馏分常压渣油，随原料油变重，胶质、沥青质含量增加，残炭值增加。

(4) 金属　原料油中重金属以钒、镍、铁、铜对催化剂活性和选择性的影响最大。

(5) 硫、氮含量　原料中的含氮化合物，特别是碱性氮化合物含量多时，会引起催化剂中毒使其活性下降。研究表明，裂化原料中加入 0.1%（质量分数）的碱性氮化物，其裂化反应速率约下降 50%。除此之外，碱性氮化合物是造成产品油料变色、氧化安定性变坏的重要原因之一。

原料中的含硫化合物对催化剂活性没有显著的影响，试验中用含硫 0.35%～1.6% 的原料没有发现对催化裂化反应速率产生影响。但硫会增加设备腐蚀，使产品硫含量增高，同时污染环境。因此在催化裂化生产过程中对原料及产品中硫和氮的含量应引起重视，如果含量过高，需要进行预精制处理。

3. 产品与产品特点

催化裂化过程中，当所用原料、催化剂及反应条件不同时，所得产品的产率和性质也不相同。但总的来说催化裂化产品与热裂化相比具有很多特点。

(1) 气体产品　在一般工业条件下，气体产率为 10%～20%，其中所含组分有氢气、硫化氢、C_1～C_4 烃类。氢气含量主要取决于催化剂被重金属污染的程度。H_2S 则与原料的硫含量有关。C_1 即甲烷，C_2 为乙烷、乙烯，以上物质称为干气。

催化裂化气体中含量最大的是 C_3、C_4（称为液态烃或液化气），其中 C_3 为丙烷、丙烯，C_4 包括 6 种组分（正、异丁烷，正丁烯，异丁烯和顺-2-丁烯、反-2-丁烯）。

气体产品的特点如下。

① 气体产品中 C_3、C_4 占绝大部分，约 90%（质量分数），C_2 以下较少，液化气中 C_3

比 C_4 少，液态烃中 C_4 含量为 C_3 含量的 $1.5\sim2.5$ 倍；

②烯烃比烷烃多，C_3 中烯烃为 70%左右，C_4 中烯烃为 55%左右；

③ C_4 中异丁烷多，正丁烷少，正丁烯多，异丁烯少。

上述特点使催化裂化气体成为石油化工很好的原料，催化裂化的干气可以作燃料也可以作合成氨的原料。由于其中含有部分乙烯，所以经次氯酸酸化又可以制取环氧乙烷，进而生产乙二醇、乙二胺等化工产品。

液态烃，特别是其中烯烃可以生产各种有机溶剂，合成橡胶、合成纤维、合成树脂等三大合成产品以及各种高辛烷值汽油组分，如叠合油、烷基化油及甲基叔丁基醚等。

(2) 液体产品

①催化裂化汽油产率为 40%～60%（质量分数）。由于其中有较多烯烃、异构烷烃和芳烃，所以辛烷值较高，一般为 80 左右（MON）。因其所含烯烃中 α-烯烃较少，且基本不含二烯烃，所以安定性也比较好。含低分子烃较多，它的 10%点和 50%点温度较低，使用性能好。

②柴油产率为 20%～40%（质量分数），因其中含有较多的芳烃，为 40%～50%，所以十六烷值较直馏柴油低得多，只有 35 左右，常常需要与直馏柴油等调合后才能作为柴油发动机燃料使用。

③油浆中含有少量催化剂细粉，一般不作产品，可返回提升管反应器进行回炼，若经澄清除去催化剂也可以生产部分（3%～5%）澄清油，因其中含有大量芳烃，是生产重芳烃和炭黑的好原料。、

④焦炭。催化裂化的焦炭沉积在催化剂上，不能作产品。常规催化裂化焦炭产率为 5%～7%，当以渣油为原料时可高达 10%以上，视原料的质量不同而异。

二、催化裂化系统构成与工艺流程

1. 生产装置组成

催化裂化装置（见图 3-1）主要由反应-再生系统、分馏系统、吸收稳定系统、主风及烟气能量回收系统等组成。

(1) 反应-再生系统　反应-再生系统是催化裂化装置的核心，其任务是使原料油通过反应器或提升管，与催化剂接触反应变成反应产物。反应产物送至分馏系统处理。反应过程中生成的焦炭沉积在催化剂上，催化剂不断进入再生器，用空气烧去焦炭，使催化剂得到再生。烧焦放出的热量，经再生催化剂转送至反应器或提升管，供反应时耗用。

图 3-1　催化裂化生产装置

(2) 分馏系统　其主要任务是将来自反应系统的高温油气脱过热后，根据各组分沸点的不同切割为富气、汽油、柴油、回炼油和油浆等馏分，通过工艺因素控制，保证各馏分质量合格；同时可利用分馏塔各循环回流中高温位热能作为稳定系统各重沸器的热源。部分装置还合理利用了分馏塔顶油气的低温位热源。

富气经压缩后与粗汽油送到吸收稳定系统；柴油经碱洗或化学精制后作为调合组分或作为柴油加氢精制或加氢改质的原料送出装置；回炼油和油浆可返回反应系统进行裂化，也可将全部或部分油浆冷却后送出装置。

(3) 吸收稳定系统　该系统的主要任务是将来自分馏系统的粗汽油和来自气压机的压缩

富气分离成干气、合格的稳定汽油和液态烃。一般控制液态烃 C_2 以下组分不大于 2%（体积分数）、C_5 以上组分不大于 1.5%（体积分数）。对于稳定汽油，按照我国现行车用汽油标准 GB 17930—1999，应控制其雷氏蒸气压夏季不大于 72kPa，冬季不大于 88kPa。

（4）主风及烟气能量回收系统 其主要任务：①为再生器提供烧焦用的空气及催化剂输送提升用的增压风、流化风等；②回收再生烟气的能量，降低装置能耗。

2. 原则工艺流程

如图 3-2 所示，新鲜原料（以馏分油为例）换热后与回炼油分别经两加热炉预热至300～380℃经喷嘴雾化、汽化后喷入提升管反应器底部（油浆不进加热炉直接进提升管）与高温再生催化剂相遇，立即反应，反应油气与雾化蒸汽及预提升蒸汽一起以 7～8m/s 的入口线速度携带催化剂沿提升管向上流动，在 470～510℃的反应温度下停留 2～4s，以 13～20m/s

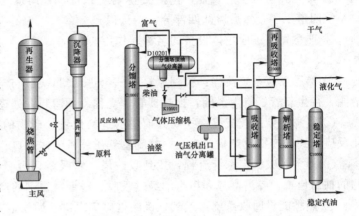

图 3-2 催化裂化原则工艺流程

的高线速度通过提升管出口，经快速分离器进入沉降器，携带少量催化剂的反应油气经两级旋风分离器分离后，油气进入集气室，通过沉降器顶部出口进入分馏系统。

经快速分离器和旋风分离器分离出的覆盖焦炭的催化剂——待生催化剂，自沉降器下部进入汽提段，用水蒸气吹脱吸附的油气，经待生斜管、待生单动滑阀进入再生器，在再生器中在通入主风情况下，在 650～690℃的温度下进行再生，烧掉积炭，恢复催化剂活性。再生器维持 0.15～0.25MPa（表）的顶部压力，床层线速度为 1～1.2m/s。含碳量降到 0.2%以下的催化剂-再生催化剂经淹流管、再生斜管和再生单动滑阀进入提升管反应器，构成催化剂的循环。

烧焦产生的再生烟气，经再生器稀相段进入旋风分离器。经两级旋风分离除去携带的大部分催化剂，烟气通过集气室（或集气管）和双动滑阀进入能量回收系统（或排入烟囱）。回收的催化剂经料腿返回床层。

由沉降器顶部出来的反应产物油气进入分馏塔下部，经装有挡板的脱过热段，洗掉所携带的催化剂后，油气自下而上通过分馏塔。经分馏后得到富气、粗汽油、轻柴油、重柴油（也可以不出重柴油）、回炼油及油浆。如在塔底设油浆澄清段，可脱除催化剂出澄清油，浓缩的稠油浆再用回炼油稀释送回反应器进行回炼。如不回炼也可送出装置。轻柴油和重柴油分别经汽提塔汽提后再经换热、冷却然后出装置。轻柴油有一部分经冷却后作为吸收剂送至再吸收塔，吸收干气携带的汽油组分后返回分馏塔。

由分馏系统油气分离器出来的富气经气体压缩机升压后，冷却并分出凝缩油，压缩富气进入吸收塔底部，粗汽油和稳定汽油作为吸收剂由塔顶进入，吸收了 C_3、C_4（及部分 C_2）的富吸收油由塔底抽出送至解吸塔顶部。吸收塔设有中段回流以维持塔内较低的温度。吸收塔顶出来的贫气中尚夹带少量汽油，经再吸收塔用轻柴油回收其中的汽油组分后成为干气送燃料气管网。吸收了汽油的轻柴油由再吸收塔底抽出返回分馏塔。解吸塔的作用是通过加热将富吸收油中 C_2 组分解吸出来，由塔顶引出进入中间平衡罐，塔底为脱乙烷汽油，被送至稳定塔。稳定塔的作用是将汽油中 C_4 以下的轻烃脱除，在塔顶得到液化石油气（简称液化气），塔底得到合格的汽油——稳定汽油。

【任务实施】

一、上现场认识生产装置

① 要先弄清楚生产装置，包括反应-再生系统、分馏系统、吸收稳定系统、烟气能量回收系统四道工序，然后对此四部分——认识。

② 熟悉每道工序主体设备的名称、作用。

二、认识流程

① 熟悉反应系统流程：找到原料油三个进料口，反应产物油气出口及再生斜管、再生滑阀、待生斜管、待生滑阀，换热器管、壳程。弄清装置处理原料性质。

② 熟悉分馏系统流程：找到分馏塔的进料位置，产物的抽出位置。弄清原料油经过催化反应得到的产物及产物的去向。找到富气压缩机气体进口、出口。

③ 熟悉吸收稳定系统流程：找到吸收塔、解吸塔、再吸收塔及稳定塔的进料位置，产物的抽出位置。弄清富气和粗汽油经过吸收、精馏后得到的产物及产物的去向。

④ 熟悉能量回收系统：找到三机的进口、出口、烟气走向。

⑤ 按图 3-3 催化裂化工艺过程中箭头所示熟悉设备和流程。

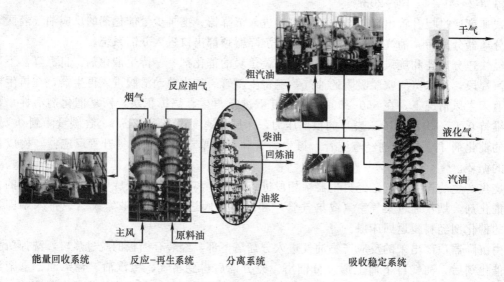

图 3-3 催化裂化工艺过程

三、识读原则流程

由原则流程叙述工艺过程。

四、绘制原则流程框图

先画出主要设备，摆好位置，然后再连线，完成工艺流程框图。

【归纳总结】

催化裂化装置由反应-再生系统、分馏系统、吸收稳定系统、烟气能量回收系统组成，每部分的任务；装置的主体设备的名称及作用；流程框图的绘制。

【拓展训练】

原则流程的绘制训练（上机操作）。

任务 2　催化裂化反应与操作

【任务介绍】

石油馏分是由各种烷烃、环烷烃、芳烃所组成。在催化剂上，各种单体烃进行不同的反应，有分解反应、异构化反应、氢转移反应、芳构化反应等，其中，以分解反应为主，催化裂化这一名称就是因此而得。各种反应同时进行，并且相互影响。为了更好地了解催化裂化的反应过程，首先应了解单体烃的催化裂化反应及反应特点。

在工业催化裂化的装置中，催化剂不仅影响生产能力和生产成本。还对操作条件、工艺过程、设备形式都有重要的影响。催化裂化技术的发展和催化剂技术的发展是分不开的，尤其是分子筛催化剂的发展促进了催化裂化工艺的重大改进。

从沉降器底部下来的催化剂，如果直接进入再生器，会损失大量油气，增加再生器的负荷。所以，必须在进入再生器之前将其所携带的油气汽提除去，然后再进入再生器除去催化剂上沉降的焦炭。

通过分析反应-再生操作的影响因素，确定操作条件。操作过程中，控制反应器出口温度、沉降器压力及沉降器藏量、再生器温度等操作参数，以保证反应-再生系统平稳操作。

知识目标：掌握催化裂化的化学反应及反应特点；了解反应的影响因素；熟悉反应过程的重要参数；了解催化剂的类型与组成；掌握催化剂的使用性能；掌握催化剂汽提的原因；掌握催化剂再生的化学反应；熟悉再生的影响因素；了解反应器和再生器的构造和作用；熟悉反应系统的岗位操作法；掌握反应-再生系统的开、停工操作规程；了解反应-再生系统的控制方案。

能力目标：会分析催化反应的影响因素；能根据反应条件控制产品分布；能评价催化剂；会分析再生的影响因素；能认识反应-再生系统设备，熟悉其构造；能在原则流程上找到控制点并能画出控制回路；能在催化裂化装置仿真软件上进行反应-再生系统的正常操作和异常处理；能进行催化裂化装置反应-再生系统的开、停工仿真操作。

【任务分析】

催化裂化产品的收率和质量，取决于原料中的各类烃在催化剂上所进行的反应，为了更好地控制生产，以达到高产优质的目的，就必须了解催化裂化反应的实质、特点以及影响反应进行的因素。

由于催化剂可以改变化学反应速率，并且有选择性地促进某些反应。因此，它对目的产品的产率和质量起着决定性的作用。

催化剂在使用中应有较高的活性及选择性，以便能获得产率高、质量好的目的产品，而其本身又不易被污染、被磨损、被水热失活，并且还应有很好的流化性能和再生性能。

对于催化裂化装置，反应-再生系统是装置的核心部分，这个系统操作是否平稳，对整个装置的影响极大。搞好平稳操作的关键在于控制好物料、压力和热量三大平衡。

【相关知识】

一、催化裂化反应类型

（1）烷烃　烷烃主要发生分解反应（烃分子中 C—C 键断裂的反应），生成较小分子的烷烃和烯烃，例如：

$$C_{16}H_{34} \longrightarrow C_8H_{16} + C_8H_{18}$$

生成的烷烃又可以继续分解成更小的分子。因为烷烃分子的 C—C 键能随着其由分子的两端向中间移动而减小，因此，烷烃分解时都从中间的 C—C 键处断裂，而分子越大越容易断裂。碳原子数相同的链状烃中，异构烷烃的分解速率比正构烷烃快。

（2）烯烃　烯烃的主要反应也是分解反应，但还有一些其他反应，主要反应如下。

① 分解反应：分解为两个较小分子的烯烃，烯烃的分解速率比烷烃高得多，且大分子烯烃分解反应速率比小分子快，异构烯烃的分解速率比正构烯烃快。例如：

$$C_{16}H_{32} \longrightarrow C_8H_{16} + C_8H_{16}$$

② 异构化反应：该反应包括以下三种

a. 双键移位异构：烯烃的双键向中间位置转移，称为双键移位异构。例如：

$$CH_3-CH_2-CH_2-CH_2-CH=CH_2 \longrightarrow CH_3-CH_2-CH=CH-CH_2-CH_3$$

b. 骨架异构：分子中碳链重新排列。例如：

$$CH_3-CH_2-CH=CH_2 \longrightarrow CH_3-\underset{\underset{CH_3}{|}}{C}=CH_2$$

c. 几何异构：烯烃分子空间结构的改变，如顺烯变为反烯，称为几何异构。

③ 氢转移反应：某烃分子上的氢脱下来立即加到另一烯烃分子上使之饱和的反应称为氢转移反应。例如：两个烯烃分子之间发生氢转移反应，一个获得氢变成烷烃，另一个失去氢转化为多烯烃乃至芳烃或缩合程度更高的分子，直至最后缩合成焦炭。氢转移反应是烯烃的重要反应，是催化裂化的特有反应，是催化裂化汽油饱和度较高的主要原因，但反应速率较慢，需要较高活性催化剂。

④ 芳构化反应：所有能生成芳烃的反应都称为芳构化反应，它也是催化裂化的主要反应。例如烯烃环化再脱氢生成芳烃：

$$CH_3-CH_2-CH_2-CH_2-CH=CH-CH_3 \longrightarrow \text{（环己烷-CH}_3\text{）} \longrightarrow \text{（苯-CH}_3\text{）} +3H_2$$

这一反应有利于汽油辛烷值的提高。

⑤ 叠合反应：它是烯烃与烯烃合成大分子烯烃的反应。

⑥ 烷基化反应：烯烃与芳烃或烷烃的加合反应都称为烷基化反应。

（3）环烷烃　环烷烃的环可断裂生成烯烃，烯烃再继续进行上述各项反应；环烷烃带有长侧链，则侧链本身会发生断裂，生成环烷烃和烯烃；环烷烃也可以通过氢转移反应转化为芳烃；带侧链的五元环烷烃可以异构化成六元环烷烃，并进一步脱氢生成芳烃。例如：

$$\text{（环戊烷-CH}_2-CH_2-CH_3\text{）} \longrightarrow CH_3-CH_2-CH_2-CH=CH-CH_2-CH_2-CH_3$$

$$\text{（环戊烷-CH}_3\text{）} \longrightarrow \text{（环己烷）} \longrightarrow \text{（苯）} +3H_2$$

（4）芳香烃　芳香烃核在催化裂化条件下十分稳定，连在苯核上的烷基侧链容易断裂成较小分子烯烃，断裂的位置主要发生在侧链同苯核连接的键上，并且侧链越长，反应速率越快。多环芳烃的裂化反应速率很低，它们的主要反应是缩合成稠环芳烃，进而转化为焦炭，同时放出氢使烯烃饱和。

总之，在催化裂化条件下，烃类进行的反应除了有大分子分解为小分子的反应，而且还有小分子缩合成大分子的反应（甚至缩合至焦炭）。与此同时，还进行异构化、氢转移、芳构化等反应。正是由于这些反应，得到了气体、液态烃以及汽油、柴油乃至焦炭。

二、催化裂化反应特点

① 烃类催化裂化是一个气-固非均相反应。

② 石油馏分的催化裂化反应是复杂的平行-顺序反应。

平行-顺序反应，即原料在裂化时，同时朝着几个方向进行反应，这种反应叫做平行反应，同时随着反应深度的增加，中间产物又会继续反应，这种反应叫做顺序反应。所以原料油可直接裂化为汽油或气体，汽油又可进一步裂化生成气体，如图 3-4 所示。

平行顺序反应的一个重要特点是反应深度对产品产率的分布有着重要影响，如图 3-5 所示。

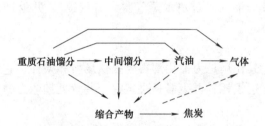

图 3-4　石油馏分的催化裂化反应
（虚线表示不重要的反应）

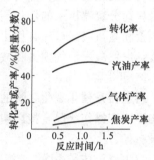

图 3-5　某馏分催化裂化的结果

【任务实施】

一、熟悉反应-再生部分工艺流程

找到控制点的位置，画出控制回路，见图 3-6。

二、熟悉反应-再生系统的设备，了解构造和作用

1. 提升管反应器与沉降器

（1）提升管反应器　提升管反应器是催化裂化反应进行的场所，是催化裂化装置的关键设备之一。常见的提升管反应器形式有两种，即直管式和折叠式。前者多用于高低并列式提升管催化裂化装置，后者多用于同轴式和由床层反应器改为提升管的装置。

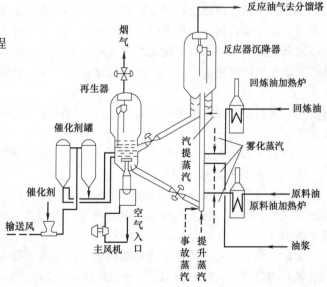

图 3-6　高低并列式催化裂化反应-再生系统流程

提升管反应器是一根长径比很大的管子，长度一般为 30～36m，直径根据装置处理量决定，通常以油气在提升管内的平均停留时间 1～4s 为限，确定提升管内径。由于提升管内自下而上油气线速度不断增大，为了不使提升管上部气速过高，提升管可作成上下异径形式。在提升管的侧面开有上下两个（组）进料口，其作用是根据生产要求使新鲜原料、回炼油和回炼油浆从不同位置进入提升管，进行选择性裂化。进料口以下的一段称预提升段，其作用是：由提升管底部收入水蒸气（称预提升蒸汽），使出再生斜管来的再生催化剂加速，以保证催化剂与原料油相遇时均匀接触。这种作用叫预提升。

为使油气在离开提升管后立即终止反应，提升管出口均设有快速分离装置，其作用是使油气与大部分催化剂迅速分开。快速分离器的类型很多，常用的有伞幅形、倒 L 形、T 形、粗旋风分离器、弹射快速分离器和垂直齿缝式快速分离器。

为进行参数测量和取样，沿提升管高度还装有热电偶管、测压管、采样口等。除此之外，提升管反应器的设计还要考虑耐热、耐磨以及热膨胀等问题。

（2）沉降器　沉降器是用碳钢焊制成的圆筒形设备，上段为沉降段，下段是汽提段。沉降段内装有数组旋风分离器，顶部是集气室并开有油气出口。沉降器的作用是使来自提升管的油气和催化剂分离，油气经旋风分离器分出所夹带的催化剂后经集气室去分馏系统；由提升管快速分离器出来的催化剂靠重力在沉降器中向下沉降落入汽提段。汽提段内没有数层人字挡板和蒸汽吹入口，其作用是将催化剂夹带的油气用过热水蒸气吹出（汽提），并返回沉降段，以便减少油气损失和减小再生器的负荷。

2. 再生器

再生器是催化裂化装置的重要工艺设备，其作用是为催化剂再生提供场所和条件。它的结构形式和操作状况直接影响烧焦能力和催化剂损耗。再生器是决定整个装置处理能力的关键设备。

再生器筒体是由 A₃ 碳钢焊接而成的，由于经常处于高温和受催化剂颗粒冲刷，因此筒体内壁敷设一层隔热、耐磨衬里以保护设备材质。筒体上部为稀相段，下部为密相段，中间变径处通常叫过渡段。

（1）密相段　密相段是待生催化剂进行流化和再生反应的主要场所。在空气（主风）的作用下，待生催化剂在这里形成密相流化床层，密相床层气体线速度一般为 0.6～1.0m/s，采用较低气速叫低速床，采用较高气速称为高速床。密相段直径大小通常由烧焦所能产生的湿烟气量和气体线速度确定。密相段高度一般由催化剂藏量和密相段催化剂密度确定，一般为 6～7m。

（2）稀相段　稀相段实际上是催化剂的沉降段。为使催化剂易于沉降，稀相段气体线速度不能太高，要求不大于 0.6～0.7m/s，因此稀相段直径通常大于密相段直径。稀相段高度应由沉降要求和旋风分离器料腿长度要求确定，适宜的稀相段高度是 9～11m。

3. 专用设备和特殊阀门

（1）主风分布管和辅助燃烧室　主风分布管是再生器的空气分配器，作用是使进入再生器的空气均匀分布，防止气流趋向中心部位，以形成良好的流化状态，保证气固均匀接触，强化再生反应。

辅助燃烧室是一个特殊形式的加热炉，设在再生器下面（可与再生器连为一体，也可分开设置），其作用是开工时用以加热主风使再生器升温，紧急停工时维持一定的降温速度，正常生产时辅助燃烧室只作为主风的通道。

（2）取热器　随着分子筛催化剂的使用，对再生催化剂的含碳量提出新的要求，为了充分发挥分子筛催化剂高活性的特点，需要强化再生过程以降低再生催化剂含碳量。近年来，各厂多采用 CO 助燃剂，使 CO 在床层完全燃烧，这样就会使得再生热量超过两器热平衡的需要，发生热量过剩现象，特别是加工重质原料，掺炼或全炼渣油的装置这个问题更显得突出，因此再生器中过剩热的移出便成为实现渣油催化裂化需要解决的关键之一。

再生器的取热方式有内外两种，各有特点。内取热投资少，操作简便，但维修困难，热管破裂只能切断不能抢修，而且对原料品种变化的适应性差，即可调范围小。外取热具有热量可调、操作灵活、维修方便等特点，对发展渣油催化裂化技术具有很大的实际意义。

（3）三阀　三阀包括单动滑阀、双动滑阀和塞阀。

① 单动滑阀。单动滑阀用于床层反应器催化裂化和高低并列式提升管催化裂化装置。对提升管催化裂化装置，单动滑阀安装在两根输送催化剂的斜管上，其作用是：正常操作时用来调节催化剂在两器间的循环量，出现重大事故时用以切断再生器与反应沉降器之间的联系，以防造成更大事故。运转中，滑阀的正常开度为 40%～60%。

② 双动滑阀。双动滑阀是一种两块阀板双向动作的超灵敏调节阀，安装在再生器出口管线上（烟囱），其作用是调节再生器的压力，使之与反应沉降器保持一定的压差。设计滑阀时，两块阀板都留一缺口，即使滑阀全关时，中心仍有一定大小的通道，这样可避免再生器超压。

③ 塞阀。在同轴式催化裂化装置利用塞阀调节催化剂的循环量。塞阀比滑阀具有以下优点：

a. 磨损均匀而且较少；

b. 高温下承受强烈磨损的部件少；

c. 安装位置较低，操作维修方便。

在同轴式催化裂化装置中塞阀有待生管塞阀和再生管塞阀两种，它们的阀体结构和自动控制部分完全相同，但阀体部分连接部位及尺寸略有不同。结构主要由阀体部分、传动部分、定位及阀位变送部分和补偿弹簧箱组成。

三、分析反应-再生系统操作影响因素，确定操作条件

1. 反应温度

反应温度是生产中的主要调节参数，也是对产品产率和质量影响最灵敏的参数。一方面，反应温度高则反应速率增大。另一方面，反应温度可以通过对各类反应速率大小来影响产品的分布和质量。

装置中反应温度以提升管出口温度为标准，但同时也要参考提升管中下部温度的变化。直接影响反应温度的主要因素是再生温度或再生催化剂进入反应器的温度、催化剂循环量和原料预热温度。在提升管装置中主要是用再生单动滑阀开度来调节催化剂的循环量，从而调节反应温度，其实质是通过改变剂油比调节焦炭产率而达到调节装置热平衡的目的。

2. 反应压力

反应压力是指反应器内的油气分压，油气分压提高意味着反应物浓度提高，因而反应速率加快，同时生焦的反应速率也相应提高。虽然压力对反应速率影响较大，但是在操作中压力一般是固定不变的，因而压力不作为调节操作的变量，工业装置中一般采用不太高的压力（0.1～0.3MPa）。应当指出，催化裂化装置的操作压力主要不是由反应系统决定的，而是由反应器与再生器之间的压力平衡决定的。一般来说，对于给定大小的设备，提高压力是增加装置处理能力的主要手段。

3. 剂油比（C/O）

剂油比是单位时间内进入反应器的催化剂量（即催化剂循环量）与总进料量之比。剂油比反映了单位催化剂上有多少原料进行反应并在其上积炭。因此，提高剂油比，则催化剂上积炭少，催化剂活性下降小，转化率增加。但催化剂循环量过高将降低再生效果。在实际操作中剂油比是一个因变参数，一切引起反应温度变化的因素，都会相应地引起剂油比的改变。改变剂油比最灵敏的方法是调节再生催化剂的温度和调节原料预热温度。

4. 空速和反应时间

在催化裂化过程中，催化剂不断地在反应器和再生器之间循环，但是在任何时间，两器内都各自保持一定的催化剂量，两器内经常保持的催化剂量称藏量。在流化床反应器内，通常是指分布板上的催化剂量。

每小时进入反应器的原料油量与反应器藏量之比称为空速。空速有重量空速和体积空速之分，体积空速是进料流量按 20℃时计算的。空速的大小反映了反应时间的长短，其倒数为反应时间。

反应时间在生产中不是可以任意调节的。它是由提升管的容积和进料总量决定的。但生产中反应时间是变化的，进料量的变化、其他条件引起的转化率的变化，都会引起反应时间的变化。反应时间短，转化率低；反应时间长，转化率提高。过长的反应时间会使转化率过高，汽油、柴油收率反而下降，液态烃中烯烃饱和。

5. 再生催化剂含碳量

再生催化剂含碳量是指经再生后的催化剂上残留的焦炭含量。对分子筛催化剂来说，裂化反应生成的焦炭主要沉积在分子筛催化剂的活性中心上，再生催化剂含碳过高，相当于减少了催化剂中分子筛的含量，催化剂的活性和选择性都会下降，因而转化率大大下降，汽油产率下降，溴价上升，诱导期下降。

6. 回炼比

工业上为了使产品分布合理（原料催化裂化所得各种产品产率的总和为 100%，各产率之间的分配关系即为产品分布）以获得更高的轻质油收率采用回炼操作。既限制原料转化率不要太高，使一次反应后，生成的与原料沸程相近的中间馏分，再返回中间反应器重新进行裂化，这种操作方式也称为循环裂化。这部分油称为循环油或回炼油。有的将最重的渣油或称油浆也进行回炼，这时称为"全回炼"操作。

循环裂化中反应器的总进料量包括新鲜原料量和回炼油量两部分，回炼油（包括回炼油浆）量与新鲜原料量之比称为回炼比。

回炼比虽不是一个独立的变量，但却是一个重要的操作条件，在操作条件和原料性质大体相同情况下，增加回炼比则转化率上升，汽油、气体和焦炭产率上升，但处理能力下降，在转化率大体相同的情况下，若增加回炼比，则单程转化率下降，轻柴油产率有所增加，反应深度变浅。反之，回炼比太低，虽处理能力较高，但轻质油总产率仍不高。因此，增加回炼比、降低单程转化率是增产柴油的一项措施。但是，增加回炼比后，反应所需的热量大大增加，原料预热炉的负荷、反应器和分馏塔的负荷会随之增加，能耗也会增加。因此，回炼比的选取要根据生产实际综合选定。

四、催化反应岗操作

反应岗位是整个装置的关键部位，它的操作参数多，变化快，而且每一个变化都直接影响装置的正常操作，所以操作者必须精心操作，准确调节，搞好系统三大平衡，即物料平衡、热平衡、压力平衡，控制各参数在工艺指标范围内，使生产平稳、高效、低耗，特别对每一参数的变化都要进行分析，发生异常变化更要冷静思考，分析判断要准确，处理要果断。

1. 清楚岗位任务

① 控制适宜的反应深度，确保最佳的汽油、柴油收率，实现效益最大化。

② 掌握物料、热量、压力三大平衡，搞好平稳操作。

③ 做好本岗位所属设备、管线、阀门和仪表巡回检查工作。

④ 对生产中的异常事故及时发现、正确判断、果断处理，掌握自保阀门动作的逻辑关系，确保装置安全、平稳、长周期运行。

2. 学习操作原则

① 平稳控制反应温度、反应压力、剂油比、空速、回炼比，实现最佳操作。

② 平稳控制两器压力，保证催化剂的流化与循环。

③ 蒸汽注入量按要求控制。

④ 控制恰当的再生催化剂定炭，避免炭堆积的事故发生，保证催化剂的裂化性能。

⑤ 控制合理的烟气含氧量，避免二次燃烧发生。

⑥ 生产中应保持平稳操作，调节参数要稳妥缓慢，幅度要小，防止系统的波动。

⑦ 严格执行工艺卡片，遵守工艺纪律。发生异常事故，应服从班长指挥，互相配合，及时处理。

⑧ 平稳控制两器压差，防止催化剂倒流，当发现系统压力失控时，迅速将两器差压自保手动投用。平稳控制两器料位，要防止死床和催化剂"泥化"。

⑨ 主风自动保护系统投用后，严禁喷燃烧油，应手动切除。提升管有进料时，出口温度不得低于 460℃，否则切断进料。

烧焦罐出口温度不可大于 750℃，特别要防止烟机入口超温。

⑩ 切断进料后，若主风正常时，应尽量维持烧焦罐出口温度 550～600℃。当床温到 500℃时，应迅速组织卸料，床温低于 350℃时，停止各点吹汽，防止催化剂"和泥"。系统中有催化剂存在，应严禁关闭汽提蒸汽、松动风及仪表反吹风。

3. 岗位正常操作

① 根据操作原则，总结归纳出操作要点。催化反应操作参数的控制与调节见表 3-1。

表 3-1　催化反应岗操作参数的控制与调节

序号	控制内容	控制手段	调节方法
1	提升管反应器出口温度	再生滑阀开度，原料油预热温度辅助调节	调节二再单动滑阀的开度，增加或减少催化剂的循环量； 事故状态下启用提升管喷汽油，控制反应温度(530℃)； 控制好二再温度，优化外取热器操作，使两罐烧焦比例合适。 再生单动滑阀故障，改手动控制
2	沉降器压力	反飞动流量及气压机转速	开工时，靠改变冷入口蝶阀的开度以及气压机入口放火炬阀开度来控制沉降器压力； 正常情况下，用气压机入口压力调节气压机的转速，以及反飞动量控制沉降器压力； 稳定提升管进料量，防止大量的水带入系统； 稳定汽提蒸汽量，保证催化剂的汽提效果； 气压机停运、反应压力超高等紧急情况下，可用放火炬阀控制压力； 启用降温汽油时，应缓慢进行，防止沉降器压力突然上升

序号	控制内容	控制手段	调节方法
3	沉降器藏量	待生塞阀开度	开大再生滑阀,沉降器藏量上升,待生塞阀自动调节沉降器藏量; 控制稳三器压力,保持差压平稳; 控制待生套筒风量平稳; 控制汽提蒸汽流量不过量
4	催化剂循环量	待生塞阀、再生滑阀、半再生滑阀的开度及三器差压	调节再生、半再生和待生滑阀的开度; 保持平稳的三器压力在控制指标内; 保持进料、雾化蒸汽、预提升蒸汽的相对稳定; 检查斜管松动蒸汽和锥体松动蒸汽,稳定汽提蒸汽量; 调节稳提升风量
5	再生器压力	烟气旁路蝶阀、双动滑阀分程控制	根据操作需要,将主风量和提升风量调节正常; 正常情况下,二再压力及一、二再差压由双动滑阀开度自动调节,当双动滑阀一边失灵或两边失灵,则现场控制其开度,并联系钳工和仪表处理; 正常时,不使用燃烧油,打燃烧油要缓慢; 取热盘管破裂时,应及时查找,停用破裂盘管
6	再生器温度	汽提蒸汽量、主风量、调整外取热器取热量来控制密相温度	调节催化剂循环量; 若生焦过大,而风量不足,可适当增加主风量,但应注意烧焦后易引起超温。生焦过低,热量不足,必要时采取喷燃烧油的方法,提高一再温度; 调节生风量,风量增加,一再温度升高; 降低汽提蒸汽量,一再温度提高(一般不作为调节手段)

② 操作参数调节:按操作要领在仿真软件上调节相关参数,见图 3-7 催化裂化反应-再生系统仿真操作画面。注意各参数间的联系。

【归纳总结】

读懂催化裂化反应部分工艺控制流程,找出控制点的位置并画出控制回路;掌握催化裂化反应类型与特点;分析操作温度、操作压力、剂油比、空速和反应时间等对催化裂化反应的影响;会调节控制反应器出口温度、再生器的温度、压力。

【拓展训练】

催化裂化反应-再生系统异常处理(仿真操作)。

【知识拓展】

一、催化剂的评价

1. 催化裂化催化剂类型、组成及结构

工业上所使用的裂化催化剂虽品种繁多,但归纳起来不外乎三大类:天然白土催化剂、无定形合成催化剂和分子筛催化剂。早期使用的无定形硅酸铝催化剂孔径大小不一、活性低、选择性差早已被淘汰,现在广泛应用的是分子筛催化剂。目前催化裂化所用的分子筛催化剂由分子筛(活性组分)、担体以及黏结剂组成。

(1)活性组分-分子筛

① 结构。分子筛也称泡沸石,它是一种具有一定晶格结构的铝硅酸盐。分子筛具有规则的晶格结构,它的孔穴直径大小均匀,好像是一定规格的筛子一样,只能让直径比它孔径

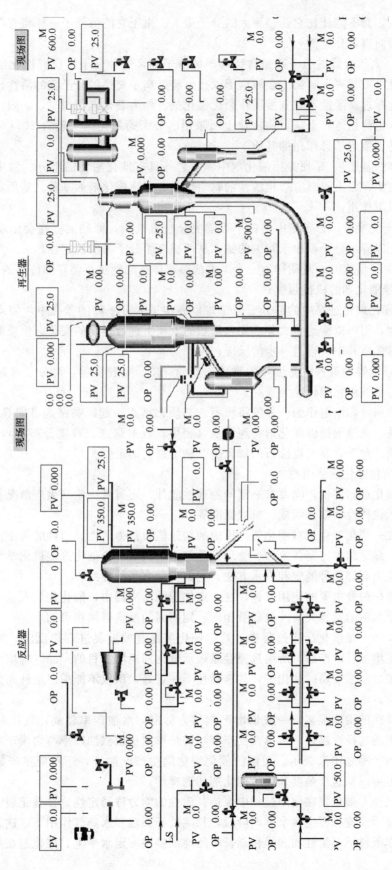

图 3-7　催化裂化反应-再生系统仿真操作画面

小的分子进入，而不能让比它孔径更大的分子进入。由于它能像筛子一样将直径大小不等的分子分开，因而得名分子筛。

② 作用。人工合成的分子筛是含钠离子的分子筛，这种分子筛没有催化活性。分子筛中的钠离子可以被氢离子、稀土金属离子取代，经过离子交换的分子筛的活性比硅酸铝的高出上百倍。这样过高活性不宜直接用作裂化催化剂。作为裂化催化剂时，一般将分子筛均匀分布在基质（也称担体）上。目前工业上所采用的分子筛催化剂一般含 20%～40% 的分子筛，其余的是主要起稀释作用的基质。

（2）担体（基质）　基质是指催化剂中沸石之外具有催化活性的组分。催化裂化通常采用无定形硅酸铝、白土等具有裂化活性的物质作为分子筛催化剂的基质。基质除了起稀释作用外，还有以下作用：

① 在离子交换时，分子筛中的钠不可能完全被置换掉，而钠的存在会影响分子筛的稳定性，基质可以容纳分子筛中未除去的钠，从而提高了分子筛的稳定性；

② 在再生和反应时，基质作为一个庞大的热载体，起到热量储存和传递的作用；

③ 可增强催化剂的机械强度；

④ 重油催化裂化进料中的部分大分子难以直接进入分子筛的微孔中，如果基质具有适度的催化活性，则可以使这些大分子先在基质的表面上进行适度的裂化，生成的较小的分子再进入分子筛的微孔中进行进一步的反应；

⑤ 基质还能容纳进料中易生焦的物质，如沥青质、重胶质等，对分子筛起到一定的保护作用。这对重油催化裂化尤为重要。

（3）黏结剂　黏结剂作为一种胶将沸石、基质黏结在一起。黏结剂可能具有催化活性，也可能无活性。黏结剂提供催化剂物理性质（密度、抗磨强度、粒度分布等），提供传热介质和流化介质。对于含有大量沸石的催化剂，黏结剂更加重要。

2. 催化裂化催化剂使用性能

对裂化催化剂的评价，除要求一定的物理性能外，还需有一些与生产情况直接关联的指标，如活性、选择性、筛分组成、机械强度等。

（1）活性　裂化催化剂对催化裂化反应的加速能力称为活性。活性的大小决定于催化剂的化学组成、晶胞结构、制备方法、物理性质等。活性是评价催化剂促进化学反应能力的重要指标。工业上有好几种测定和表示方法，它们都是有条件性的。

活性是催化剂最主要的使用指标，在一定体积的反应器中，催化剂装入量一定，活性越高，则处理原料油的量越大，若处理量相同，则所需的反应器体积可缩小。

（2）选择性　在催化反应过程中，希望催化剂能有效地促进理想反应，抑制非理想反应，最大限度增加目的产品，所谓选择性是表示催化剂能增加目的产品（轻质油品）和改善产品质量的能力。活性高的催化剂，其选择性不一定好，所以不能单以活性高低来评价催化剂的使用性能。

衡量选择性的指标很多，一般以增产汽油为标准，汽油产率越高，气体和焦炭产率越低，则催化剂的选择性越好。常以汽油产率与转化率之比或汽油产率与焦炭产率之比以及汽油产率与气体产率之比来表示。我国的催化裂化除生产汽油外，还希望多产柴油及气体烯烃，因此，也可以从这个角度来评价催化剂的选择性。

（3）稳定性　催化剂在使用过程中保持其活性的能力称稳定性。在催化裂化过程中，催化剂需反复经历反应和再生两个不同阶段，长期处于高温和水蒸气作用下，这就要求催化剂在苛刻的工作条件下，活性和选择性能长时间地维持在一定水平上。催化剂在高温和水蒸气的作用下，使物理性质发生变化、活性下降的现象称为老化。也就是说，催化剂耐高温和水蒸气老化的能力就是催化剂的稳定性。

在生产过程中，催化剂的活性和选择性都在不断地变化，这种变化分两种：一种是活性逐渐下降而选择性无明显的变化，这主要是由于高温和水蒸气的作用，使催化剂的微孔直径扩大，比表面减少而引起活性下降。对于这种情况，提出热稳定性和蒸气稳定性两种指标。另一种是活性下降的同时，选择性变差，这主要是由于重金属及含硫、含氮化合物等使催化剂发生中毒之故。

（4）再生性能　经过裂化反应后的催化剂，由于表面积炭覆盖了活性中心，而使裂化活性迅速下降，这种表面积炭可以在高温下用空气烧掉，使活性中心重新暴露而恢复活性，这一过程称为再生。催化剂的再生性能是指其表面积炭是否容易烧掉，这一性能在实际生产中有着重要的意义，因为一个工业催化裂化装置中，决定设备生产能力的关键往往是再生器的负荷。

对再生催化剂的含碳量的要求：早期的分子筛催化剂为 $0.2\%\sim0.3\%$（质量分数），对目前使用的超稳型沸石催化剂则要求降低到 $0.05\%\sim0.1\%$，甚至更低。

（5）抗污染性能　原料油中重金属、碱土金属以及碱性氮化物对催化剂有污染能力。

重金属在催化剂表面上沉积会大大降低催化剂的活性和选择性，使汽油产率降低、气体和焦炭产率增加，尤其是裂化气体中的氢含量增加，C_3 和 C_4 的产率降低。重金属对催化剂的污染程度常用污染指数来表示：

$$污染指数 = 0.1(Fe + Cu + 14Ni + 4V)$$

式中，Fe、Cu、Ni、V 分别为催化剂上铁、铜、镍、钒的含量，以 $\mu g/g$ 表示。新鲜硅酸铝催化剂的污染指数在 75 以下，平衡催化剂污染指数在 150 以下，均算作清洁催化剂，污染指数达到 750 时为污染催化剂，>900 时为严重污染催化剂。但分子筛催化剂的污染指数达 1000 以上时，对产品的收率和质量尚无明显的影响，说明分子筛催化剂可以适应较宽的原料范围和性质较差的原料。

为防止重金属污染，一方面应控制原料油中重金属含量，另一方面可使用金属钝化剂（例如三苯锑或二硫化磷酸锑）以抑制污染金属的活性。

二、催化剂的汽提与再生

1. 催化剂的汽提

（1）汽提的目的　从沉降器底部下来的处于密相流化状态的催化剂，如果直接进入再生器，会带来两方面的弊端。

① 损失大量油气。因为在催化剂颗粒间充满了油气和一些水蒸气，颗粒孔隙内部也吸附有油气，油气总量相当于催化剂重量的 0.7% 左右，为进料的 $2\%\sim4\%$。其中夹在颗粒间隙的为 $70\%\sim80\%$，吸附在微孔内部的为 $20\%\sim30\%$。如带入再生器烧掉将会造成大量油气损失。

② 增加再生器的负荷。再生器的任务是除去催化剂上沉降的焦炭。这些油气带入再生器将和焦炭一起被烧掉，无疑会增加再生器的烧焦负荷，多消耗主风，降低装置处理量，影响两器热平衡，使再生温度升高，产生热量过剩。

由于上述原因必须在催化剂进入再生器之前将其所携带的油气汽提除去。

（2）汽提方法　在沉降器下部设汽提段。在汽提段底部通入过热蒸汽与催化剂逆流接触，使夹带的油气被置换出来。孔隙中的油气较难脱附，只能除去一部分。一般汽提效率（被汽提掉的油汽量与带入量之比）可达 $90\%\sim95\%$。未被提出的部分在再生过程中烧掉。

其中所含碳量称为"可汽提炭"，约占烧掉总炭的 1%，相当于原料油的 0.03%～0.05%。

2. 催化剂的再生

烃类在反应过程中由于缩合，氢转移的结果会生成高度缩合的产物——焦炭，沉积在催化剂上使其活性降低，选择性变坏。为了使催化剂能继续使用，在工业装置中采用再生的方法烧去所沉积的焦炭，以便使其活性及选择性得以恢复。

经反应积焦的催化剂，称为待再生催化剂（简称待剂）。含碳量对硅酸铝催化剂一般为 1% 左右，分子筛催化剂为 0.85% 左右。

再生后的催化剂，称为再生催化剂（简称再剂）。其含碳量对硅酸铝催化剂一般为 0.3%～0.5%，分子筛催化剂要求降低到 0.2% 以下或更低，达 0.05%～0.02%。通常称待剂与再剂含碳量之差为炭差，一般不大于 0.8%。

再生是催化裂化装置的重要过程，决定一个装置处理能力的关键常常是再生系统的烧焦能力。

（1）催化裂化再生反应　催化剂上所沉积的焦炭其主要成分是碳和氢。除碳、氢外还有少量的硫和氮，其含量取决于原料中硫、氮化合物的多少。

催化剂再生反应就是用空气中的氧烧去沉积的焦炭。再生反应的产物是 CO_2、CO 和 H_2O。由于焦炭本身是许多种化合物的混合物，主要是由碳和氢组成，故可以写成以下反应式：

$$C+O_2 \longrightarrow CO_2 \quad 反应放热:33873kJ/kg\ C$$
$$C+1/2O_2 \longrightarrow CO \quad 反应放热:10258kJ/kg\ C$$
$$H+1/2O_2 \longrightarrow H_2O \quad 反应放热:119890kJ/kg\ H$$

通常氢的燃烧速率比碳快得多，当碳烧掉 10% 时，氢已烧掉一半；当碳烧掉一半时，氢已烧掉 90%。因此，碳的燃烧速率是确定再生能力的决定因素。

（2）催化剂再生技术　我国开发的再生器形式有多种，而且各具特色。

① 单器再生。单器再生就是使用一个流化床再生器一次完成催化剂的烧焦过程，工艺比较简单，设备也不复杂。

② 双器再生。双器再生是随着渣油催化裂化而发展起来的，又可分为有取热设施与无取热设施两种。

③ 逆流两段再生。我国开发的逆流两段再生是将第一再生器设置在第二再生器上部，大约 20% 的焦炭在第二再生器烧掉，第二再生器的烟气进入第一再生器继续烧焦，离开第一再生器的烟气含有 4%～6% 的 CO 和约 1% 的 O_2。由于两个再生器串联，只有一股烟气，有利于烟气的能量回收，同时也降低了空气的用量。再生催化剂含碳量可降至 0.05%。取热设施位于第一再生器下部。反应沉降器位于第一再生器顶部。总高度小于 62m，低于国外的逆流两段再生催化裂化装置。

④ 快速床再生。快速床再生由快速床（又称前置烧焦罐）、稀相管和鼓泡床组成。我国现有的这类再生器由于循环管结构不同又分为两种。一种是早期曾使用的密相床与高速床由带翼阀的内溢流管连通，一种是目前普遍采用的由带滑阀的外循环管连通。

单器再生之后串联一个快速床，简称后置烧焦罐再生，在我国也建成了几套这样的装置。

⑤ 烟气串联的高速床两段再生。这种再生工艺采用了烧焦罐（快速床）、湍流床的烟气串联布局。一段再生与二段再生的分界有一个大孔径、低压降的分布板，这样不仅使第一段达到快速床条件，而且使第二段达到高速湍流床条件，两段烧焦都得到了强化，整个再生器

的烧焦强度提高。

⑥ 管式再生。催化剂再生采用了提升管，管内表观线速度为 3～10m/s，顶部线速度较高，底部线速度较低，保持提升管的催化剂处于活塞流状态。燃烧用的主风分成 3～4 股，在提升管的不同高度注入，以控制烧焦管内催化剂密度和氧浓度，氧的传质阻力和催化剂的返混可达到很低的程度，从而使烧焦强度可达到 1000k/(t·h)。烧焦管的典型长度为 22m，在烧焦管内烧掉的焦炭占总焦炭量的 80% 左右，剩下的焦炭和 CO 在烧焦管顶部的湍流床中烧掉。再生催化剂进入脱气罐，然后分成两路，一路进入提升管反应器，另一路循环回烧焦管，以提高烧焦管的起始烧焦温度。由于催化剂有足够的静压头，反应-再生系统的压力平衡容易控制，再生滑阀和待生滑阀的压力降可达 0.04～0.06MPa，剂油比可达 8～10，这一再生工艺的再生催化剂含碳量可小于 0.05%，再生催化剂带入反应系统的烟气量很少，有利于催化裂化干气的进一步利用。

任务 3　分　馏　操　作

【任务介绍】

催化裂化的分馏系统是将反应器来的过热油气按照不同的馏程分离成塔顶富气、粗汽油、轻柴油、回炼油、油浆，并控制粗汽油的干点、柴油的闪点、凝固点等质量指标。

分馏操作是在催化裂化分馏塔中完成，催化裂化分馏塔与一般精馏塔相比有自身的特点。

分析分馏操作的影响因素，控制塔顶温度、压力及侧线抽出温度、塔底温度及塔底液位等操作参数，保证催化裂化分馏塔平稳操作。操作过程中产生异常现象的原因及处理方法也是操作员必须掌握的。

知识目标：了解分馏塔的构造和作用；熟悉分馏系统的岗位操作法和对异常现象的处理方法；掌握分馏系统的开、停工操作规程；了解常分馏系统的控制方案；熟悉装置故障设置及处理方法。

能力目标：能在原则流程上找到控制点并能画出控制回路；能认识分馏系统设备，熟悉其构造；能在催化裂化装置仿真软件上进行分馏系统的正常操作和异常处理及开、停工仿真操作。

【任务分析】

反应器来的过热油气经精馏分离出富气、粗汽油、轻柴油、回炼油、油浆。若想得到合格的馏分油，就要熟悉影响分馏操作的因素，经过影响因素分析，确定适宜的操作条件。控制全塔物料平衡和热平衡，即控制塔底的液位稳定（50%）、塔顶温度稳定（≤140℃）。按照操作规程在装置仿真软件上进行岗位的正常操作、异常调节以及开、停工操作。

【相关知识】

一、分馏塔的工作原理

催化裂化反应油气是由许多相对分子质量不同、沸点不同的碳氢化合物组成的复杂的混合物，必须按照生产要求将它们分离出来。通常利用混合物中各组分的相对分子质量及沸点的不同，将混合物切割为不同的沸点的馏分，这种分离方法叫分馏或精馏。反应油气进入分馏塔内，经分馏后可以得到各种馏分的油品。其工作原理如下：塔内安装有塔盘，这些塔盘将分馏塔分成若干层。从塔上部冷凝下来的液体油品一部分回流，回流的液体油从塔顶自上而下经各层塔盘下行。反应油气自塔下部进入塔内，通过各层塔盘上升，于是在每块塔盘上气、液两相的油品充分接触，进行着质和热的交换。

二、催化裂化分馏塔的工艺特点

分馏系统主要过程在分馏塔内进行，与一般精馏塔相比，催化裂化分馏塔具有如下技术特点。

① 分馏塔进料是过热气体，并带有催化剂细粉，所以进料口在塔的底部，塔下段用油浆循环以冲洗挡板和防止催化剂在塔底沉积，并经过油浆与原料换热取走过剩热量。油浆固体含量可用油浆回炼量或外排量来控制，塔底温度则用循环油浆流量和返塔温度进行控制。

② 塔顶气态产品量大，为减少塔顶冷凝器负荷，塔顶也采用循环回流取热代替冷回流，以减少冷凝冷却器的总面积。

③ 由于全塔过剩热量大，为保证全塔气、液负荷相差不过于悬殊，并回收高温位热量，除塔底设置油浆循环外，还设置中段循环回流取热。

【任务实施】

一、熟悉分馏部分工艺流程
找到控制点的位置，画出控制回路，图 3-8 所示为分馏系统的工艺流程。

二、分析分馏操作影响因素，确定操作条件
生产装置要做到高处理量、高收率、高质量和低消耗，除选择合理的工艺流程和先进的设备外，主要靠操作的好坏，其中包括在生产条件和生产任务不变时，如何保持平稳操作以及在生产条件改变时，如何在新的条件下，建立新的平稳操作。

操作因素分析见焦化分馏系统影响因素分析。

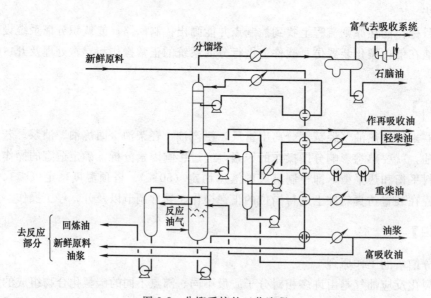

图 3-8 分馏系统的工艺流程

三、催化反应产物分馏操作

1. 学习操作原则

按照规程要求，根据蒸馏原理，通过分馏塔将自沉降器来的高温过热油气分离成富气、粗汽油、轻柴油、回炼油和油浆等馏分。分离岗应保证各种产品的质量符合指标要求。平稳控制分馏塔各段温度、系统压力、循环比，实现最佳操作。

① 熟悉工艺流程及自控方案，确保安全生产。

② 根据反应处理量及反应深度来调整操作，分离出相应的产品，以保证生产方案中对产品质量、数量的要求，努力提高轻质油收率。

③ 掌握好各塔热量平衡和物料平衡，选择好各段回流的取热分配比例。

④ 本岗操作介质易燃、易爆、易泄漏，操作压力较高，而且温度影响较大，所以要求各塔和容器不超压、不超温，液体不超高，泵不抽空。

⑤ 生产过程中确保塔罐压力、液面平稳，严格控制好各塔、容器液位在40％～60％范围之内，严禁造成淹塔、满罐、空塔、空罐等事故的发生，并确保产品质量合格。

⑥ 系统内出现设备事故和操作事故，必须果断进行处理，严格按事故规程处理各项事故，严禁将瓦斯、液化气、凝缩油排空，需要排放时，直接排入火炬管网，并向班长及时汇报，以便平衡全装置操作。

2. 岗位正常操作

① 根据操作原则，总结归纳出操作，催化反应产物分馏操作工艺参数的控制与调节见表3-2。

表 3-2　催化反应产物分馏操作工艺参数的控制与调节

序号	控制内容	主要控制手段	调节方法
1	塔顶温度	正常用顶循环回流返塔控制阀调节顶循环流量或通过三通阀调节顶回流返塔温度或调节冷回流量,调节塔顶温度	控制稳分馏塔底温度； 控制稳顶循环返塔温度；
2	塔底温度	油浆上返塔量控制塔底气相温度,油浆下返塔量控制塔底液相温度来改变塔底温度	联系反应岗位,控制反应温度在指标之内； 适当调整循环油浆返塔温度或循环量,控制塔底温度； 适当调整油浆下返塔手阀开度,保证分馏塔底温度在指标之内,但不能开得过大,避免冲塔或催化剂被带到塔盘和产品中去
3	塔底液位	用回炼油补塔底自控阀自动控制塔底液面	调整油浆循环量,循环量增加,液面上升； 如原料油及回炼油罐满溢,则根据原料油性质降低补冷油量或联系调度甩出部分热料； 提高渣油回炼量或渣油排放量,降低液面； 必要时,可调节回炼油返塔量,返塔量增加塔底液面上升,但不能做正常调节手段； 机泵或仪表故障,及时切换和联系仪表处理

② 操作参数调节。按操作要领在仿真软件上调节相关参数，见图 3-9 催化裂化分馏系统仿真画面，注意各参数间的联系。

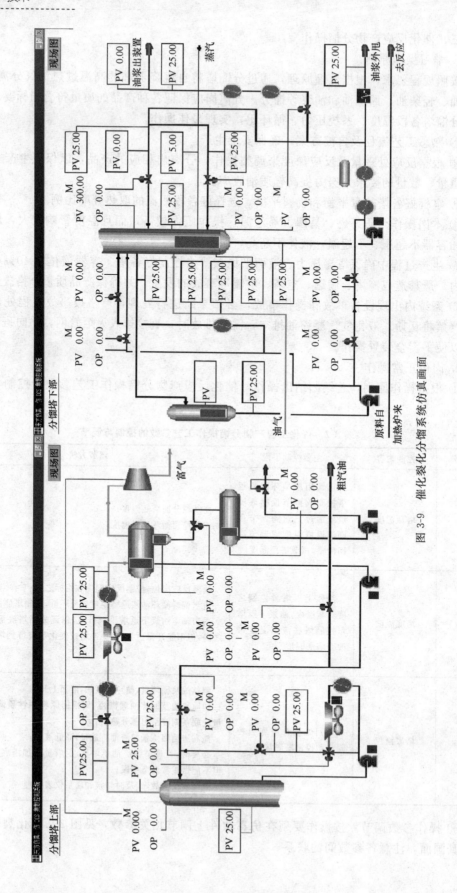

图 3-9　催化裂化分馏系统仿真画面

【归纳总结】

　　读懂催化分馏部分工艺控制流程，找出控制点的位置并画出控制回路；重点掌握催化分馏塔的工艺特征；会调节控制塔顶温度、塔底温度和液位。

【拓展训练】

　　催化裂化装置分馏部分异常处理（仿真操作）。

任务 4　吸收稳定操作

【任务介绍】

　　吸收稳定系统主要任务是将来自分馏系统的粗汽油和来自气压机的压缩富气分离成干气、合格的稳定汽油和液态烃。一般控制液态烃 C_2 以下组分不大于 2％（体积分数）、C_5 以上组分不大于 1.5％（体积分数）。对于稳定汽油，按照我国现行车用汽油标准 GB 17930—1999，应控制其雷氏蒸气压夏季不大于 72kPa、冬季不大于 88kPa。

　　分析吸收稳定操作的影响因素，确定适宜的操作条件。

　　知识目标：熟悉吸收稳定系统的工艺原理、工艺条件的确定；熟悉吸收稳定系统带控制点的工艺流程。

　　能力目标：能在仿真软件上依据操作规程处理异常现象和进行正常调节。

【任务分析】

　　分馏系统来的粗汽油和气压机来的压缩富气经吸收和精馏分离为干气、液化气、蒸气压合格的稳定汽油。若想得到合格的产品，就要熟悉影响吸收稳定操作的因素，经过影响因素分析，确定适宜操作条件。控制全塔的物料平衡和热平衡。按照操作规程在装置仿真软件上进行岗位的正常操作、异常调节以及开、停工操作。

【任务实施】

　　一、熟悉吸收稳定系统工艺流程

　　找到控制点的位置，画出控制回路。如图 3-10 所示。

　　二、分析操作影响因素，确定操作条件

　　1. 吸收操作影响因素分析

　　影响吸收的因素很多，主要有油气比、操作温度、操作压力、吸收塔结构、吸收剂和溶质气体的性质等。对具体装置来讲，吸收塔的结构、吸收剂和气体性质等因素都已确定，吸收效果主要靠适宜的操作条件来保证。

　　（1）油气比　油气比是指吸收油用量（粗汽油与稳定汽油）与进塔的压缩富气量之比。当催化裂化装置的处理量与操作条件一定时，吸收塔的进气量也基本保持不变，油气比大小取决于吸收剂用量的多少。增加吸收油用量，可增加吸收推动力。从而提高吸收速率，即加大油气比，利于吸收完全。但油气比过大，会降低富吸收油中溶质浓度，不利于解吸；会使解吸塔和稳定塔的液体负荷增加，塔底重沸器热负荷加大回循环输送吸收油的动力消耗也要加大；同时，补充吸收油用量越大，被吸收塔顶贫气带出的汽油量也越多，因而再吸收塔吸

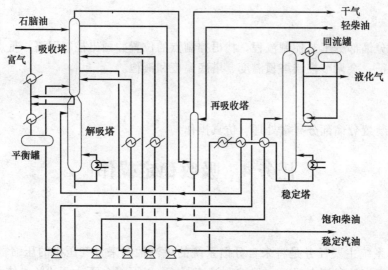

图 3-10　吸收稳定系统工艺流程

收柴油用量也要增加，又加大了再吸收塔与分馏塔负荷。从而导致操作费用增加。另一方面，油气比也不可过小，它受到最小油气比限制。当油气比减小时，吸收油用量减小，吸收推动力下降，富吸收油浓度增加。当吸收油用量减小到使富吸油操作浓度等于平衡浓度时，吸收推动力为零，是吸收油用量的极限状况，称为最小吸收油用量，其对应的油气比即为最小油气比，实际操作中采用的油气比应为最小油气比的 1.1～2.0 倍。一般吸收油与压缩富气的质量比大约为 2。

（2）操作温度　由于吸收油吸收富气的过程有放热效应，吸收油自塔顶流到塔底，温度有所升高。因此，在塔的中部设有两个中段冷却回流，经冷却器用冷却水将其热量带走，以降低吸收油温度。

降低吸收油温度，对吸收操作是有利的。因为吸收油温度越低，气体溶质溶解度越大，这样，就加快吸收速率，有利于提高吸收率。然而，吸收油温度的降低，要靠降低入塔富气、粗汽油、稳定汽油的冷却温度和增加塔的中段冷却取热量。这要过多地消耗冷剂用量，使费用增大。而且这些都受到冷却器能力和冷却水温度的限制，温度不可能降得太低。

对于再吸收塔，如果温度太低，会使轻柴油黏度增大，反而降低吸收效果。一般以控制 40℃ 左右较为合适。

（3）操作压力　提高吸收塔操作压力，有利于吸收过程的进行。但加压吸收需要使用大压缩机，使塔壁增厚，费用增大。实际操作中，吸收塔压力已由压缩机的能力及吸收塔前各个设备的压降所决定，多数情况下，塔的压力很少是可调的。催化裂化吸收塔压力一般在 0.78～1.37MPa（绝）（8～14kg/cm²），在操作时应注意维持塔压，不可降低。

2. 再吸收塔操作因素分析

再吸收塔吸收温度为 50～60℃，压力一般在 0.78～1.08MPa（绝）（8～11kg/cm²）。用轻柴油作吸收剂，吸收贫气中所带出的少量汽油。由于轻柴油很容易溶解汽油，所以，通常给定了适量轻柴油后，不需要经常调节，就能满足干气质量要求。

再吸收塔操作主要是控制好塔底液面，防止液位失控，干气带柴油，造成燃料气管线堵塞憋压，影响干气利用。另一方面要防止液面压空，瓦斯压入分馏影响压力波动。

3. 影响解吸的操作因素

解吸塔的操作要求主要是控制脱乙烷汽油中的乙烷含量。要使稳定塔停排不凝气，解吸塔的操作是关键环节之一，需要将脱乙烷汽油中乙烷解吸到 0.5％以下。

与吸收过程相反，高温低压对解吸有利。但在实际操作上，解吸塔压力取决于吸收塔或其汽液平衡罐的压力，不可能降低。对于吸收解吸单塔流程，解吸段压力由吸收段压力来决定；对于吸收解吸双塔流程，解吸气要进入汽液平衡罐，因而解吸塔压力要比吸收塔压力高 50kPa（0.5kg/cm²）左右，否则，解吸气排不出去。所以，要使脱乙烷汽油中乙烷解吸率达到规定要求，只有提高解吸温度。通常，通过控制解吸重沸器出口温度来控制脱乙烷汽油中的乙烷含量。温度控制要适当，太高会使大量 C_3、C_4 组分被解吸出来，影响液化气收率；太低则不能满足乙烷解吸率要求；必须采取适宜的操作温度，既要把脱乙烷汽油中的 C_2 脱净，又要保证干气中的 C_3、C_4 含量不大于 3％（体积分数），其实际解吸温度因操作压力而不同。

4. 影响稳定过程操作因素

稳定塔的任务是把脱乙烷汽油中的 C_3、C_4 进一步分离出来，塔顶出液化气，塔底出稳定汽油。控制产品质量要保证稳定汽油蒸气压合格；要使稳定汽油中 C_3、C_4 含量不大于 1％，尽量回收液化气；同时，要使液化气中 C_5 含量尽量少，最好分离到液化气中不含 C_5。这样，使稳定汽油收率不减少；使下游气体分馏装置不需要设脱 C_5 塔；还能使民用液化气不留残液，利于节能。

影响稳定塔的操作因素主要有回流比、压力、进料位置和塔底温度。

（1）回流比　回流比即回流量与产品量之比。稳定塔回流为液化气，产品量为液化气加不凝气。按适宜的回流比来控制回流量，是稳定塔的操作特点。稳定塔首先要保证塔底汽油蒸气压合格，剩余的轻组分全部从塔顶蒸出。塔底液化气是多元组分，塔顶组成的小变化，从温度上反映不够灵敏。因此，稳定塔不可能通过控制塔顶温度来调节回流量，而是按一定回流比来调节，以保证其精馏效果。一般稳定塔控制回流比为 1.7～2.0。采取深度稳定操作的装置，回流比适当提高至 2.4～2.7，以提高 C_3、C_4 馏分的回收率。回流比过小，精馏效果差，液化气会大量带重组分（C_5、C_6 等）；回流比过大，要使汽油蒸气压合格，相应要增大塔底重沸器热负荷和塔顶冷凝冷却器负荷，降低冷凝效果，甚至使不凝气排放量加大，液化气产量减少。

（2）塔顶压力　稳定塔压力应以控制液化气（C_3、C_4）完全冷凝为准，也就是使操作压力高于液化气在冷后温度下的饱和蒸气压，否则，在液化气的泡点温度下，不易保持全凝，不能解决排放不凝气的问题。

稳定塔操作的好坏受解吸塔乙烷脱除率的影响很大。乙烷脱除率低，则脱乙烷汽油中乙烷含量高，当高到使稳定塔顶液化气不能在操作压力下全部冷凝时，就要有不凝气排至瓦斯管网。此时，因回流罐是一次平衡汽化操作，必然有较多的液化气（C_3、C_4）也被带至瓦斯管网。所以，根据组成控制好解吸塔底重沸器出口温度对保证液化气回收率是十分重要的。

稳定塔排放不凝气问题，还与塔顶冷凝器冷凝效果有关。液化气冷后温度高，不凝气量也就大。冷后温度主要受气温、冷却水温、冷却面积等因素影响。适当提高稳定塔操作压力，则液化气的泡点温度也随之提高。这样，在液化气冷后温度下，易于冷凝，利于减少不凝气。提高塔压后，稳定塔重沸器的热负荷要相应增加，以保证稳定汽油蒸气压合格。而增大塔底加热量，往往会受到热源不足的限制。一般稳定塔压力为 0.98～1.37MPa（绝）（10～14kg/cm²）。

稳定塔压力控制，有的采用塔顶冷凝器热旁路压力调节的方法，这一方法常用于冷凝器安装位置低于回流油罐的"浸没式冷凝器"场合；有的则采用直接控制塔顶流出阀的方法。用于如塔顶使用空冷器，其安装位置高于回流罐的场合。

（3）进料位置　稳定塔进料设有三个进料口，进料在入稳定塔前，先要与稳定汽油换热、升温，使部分进料汽化。进料的预热温度直接影响稳定塔的精馏操作，进料预热温度高时，汽化量大，气相中重组分增多。此时，如果开上进料口，则容易使重组分进入塔顶轻组分中，降低精馏效果。因此，应根据进料温度的不同，使用不同进料口。总的原则是：根据进料汽化程度选择进料位置；进料温度高时使用下进料口；进料温度低时，使用上进料口；夏季开下口，冬季开上口。

（4）塔底温度　塔底温度以保证稳定汽油蒸气压合格为准。汽油蒸气压高则应提高塔底温度，反之，则应降低塔底温度，应控制好塔底重沸器加热温度。

如果塔底重沸器热源不足，进料预热温度也不可能再提高，则只得适当降低操作压力或减小回流比，以少许降低稳定塔精馏效果，来保证塔底产品质量合格。

三、吸收稳定系统操作

1. 学习操作原则

分馏塔顶来压缩气和粗汽油经吸收、解吸和精馏过程，分离成为质量合格的干气、液化气和稳定汽油产品。

① 严格执行操作规程和工艺卡片。做好各岗位之间操作衔接工作。

② 优化操作，提高产品质量、提高液化气收率。

③ 严格控制好吸收稳定部分与分馏部分的压力平衡、热量平衡、物料平衡，平稳操作。

④ 严格控制塔、容器液位在30%～70%

⑤ 按事故预案处理事故，严禁将瓦斯、液化气、凝缩油排空。

⑥ 平稳操作，严防发生各塔和容器超压、超温、液面超高、泵抽空等事故。

⑦ 仪表失灵、设备故障和操作条件大幅度波动时，严格按事故处理预案进行处理。

⑧ 严防干气带油窜入燃料气管网。

⑨ 设备故障或生产条件波动需要排放时，应排入火炬系统。

⑩ 在事故状态下，可改单塔稳定或三塔循环，必要时紧急停工。

2. 岗位正常操作

① 根据操作原则，总结归纳出操作要点，吸收稳定系统操作主要参数的控制与调节见表 3-3。

表 3-3　吸收稳定系统操作主要参数的控制与调节

序号	控制内容	影响因素	调节方法
1	吸收塔温度	①粗汽油入塔温度高,则吸收温度高; ②富气入塔温度高,吸收温度高; ③吸收塔一中段回流量或返塔温度高,则吸收温度高; ④吸收塔二中段回流量小或返塔温度高,则吸收塔温度高	①依工艺指标适当提高吸收剂流量,或降低吸收剂温度; ②降低粗汽油入塔温度,控制油气冷后温度≤40℃; ③检查 K205 运行情况,降低富气入塔温度; ④检查 E232 运行情况,降低其回流温度或提高回流量

续表

序号	控制内容	影响因素	调节方法
2	吸收塔压力	①富气量大,则压力升高; ②气压机出口温度和压力波动; ③解吸气量大,则压力升高	①正常操作时,由再吸收塔压控阀来调节吸收塔压力,压力升高时,压控阀全开; ②联系前部系统,平衡富气流量,平稳气压机出口压力; ③控制后脱吸塔的解析效果
3	再吸收塔液面	①轻柴油进出塔不平稳,液面波动; ②吸收塔贫气携带汽油量的变化	①联系分馏岗位平稳吸收油量,维持平衡; ②控制好吸收塔的操作,提高吸收效果,防止贫气带油
4	解吸塔底温度	①油量变化及温度变化,底温变化; ②热源(分馏一中)温度变化引起底温变化	①正常情况下,靠调节三通阀来控制塔底温度; ②联系分馏岗位,平稳一中段流量及温度;
5	稳定塔顶温度	①塔底温度上升,塔顶温度上升; ②回流量大,回流温度降低,塔顶温度下降; ③进料温度升高,塔顶温度上升	①按工艺指标,平稳控制塔底温度; ②在维持塔顶温度的情况下,适当降低冷后温度,或提高回流量,塔顶温度下降; ③使进料温度平稳
6	稳定塔压力	①回流温度高,塔压力升高,反之压力下降; ②稳定塔底温度高,压力升高; ③进料温度高,压力升高。	①正常操作时,用塔顶管出线上压控阀自动控制塔压,压力较高时,回流罐压控阀放不凝气进高压瓦斯管网; ②在平稳塔顶温度的情况下,固定回流量; ③检查调节塔顶空冷和冷却器运行情况,降低回流温度

② 操作参数调节。按操作要领在仿真软件上调节相关参数,见图 3-11 吸收稳定系统仿真流程画面,注意各参数间的联系。

【归纳总结】

读懂催化吸收-稳定部分工艺控制流程,找出控制点的位置并画出控制回路;能分析温度、压力等对吸收、精馏过程的影响;会调节控制塔顶温度、塔底温度和液位。

【拓展训练】

催化裂化吸收稳定系统异常处理(模拟操作)。

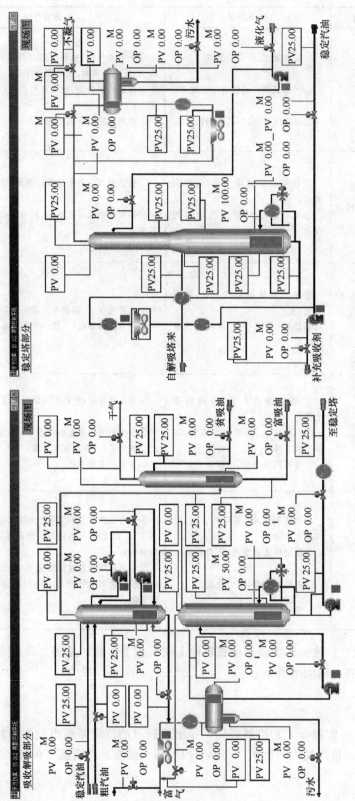

图 3-11 吸收稳定系统仿真流程画面

任务 5　热工岗的操作

【任务介绍】

对于以馏分油为原料的较小规模再生装置，由于焦炭产率低，再生温度相对较低，再生烟气经过烟机做功后多余热量不多，热工系统回收余热过程较简单，一般只设余热锅炉，发低压蒸汽。

对于大型重油催化裂化装置，如两段再生形式，焦炭产率较高，余热较多，并且有的装置烟气中还含有 CO，所以余热回收系统相对较复杂。设施主要使用 CO 焚烧炉与余热锅炉形式，回收烟气显热和 CO 化学能。完全再生的重油催化裂化装置，设置大型余热锅炉。

余热锅炉一般同外取热器、油浆蒸发器一起构成装置中压蒸汽发生、过热系统。另外余热锅炉还可以对外取热器、油浆蒸发器汽包给水进行预热。某催化装置余热锅炉见图 3-12。

为保证催化裂化热工部分平稳操作，操作员能分析操作过程中产生异常现象，并能妥善处理。

知识目标：了解热工系统的设备的构造与作用；熟悉热工岗带控制点的工艺流程。

能力目标：能在仿真软件上依据操作规程处理异常现象和进行正常调节。

图 3-12　某催化装置余热锅炉

【任务分析】

从再生器出来的再生烟气，经过三级旋风分离器，分离出催化剂细粉后，进入烟机回收能量，驱动主风机运转或发电。

烟气经过烟机做功后排出的温度在 500℃ 以上，有的装置还含有 CO，所以烟气中还蕴藏着大量能量，利用余热回收设施可将烟气温度降到 170～200℃，可大幅度降低装置能耗。余热回收系统包括余热锅炉、CO 锅炉和 CO 焚烧炉＋余热锅炉三种形式。由于再生烟气中含有催化剂粉尘及 SO_x 等杂质，余热回收设施应考虑粉尘影响和 SO_x 露点腐蚀问题。

【任务实施】

一、熟悉热工系统工艺流程

熟悉热工系统工艺流程，找出自控阀、现场阀、控制点。

图 3-13 所示为某重油催化裂化装置余热回收系统流程。本催化裂化装置，分两段再生。由于生焦大，再生烧焦热量过剩，为节约能量、减少损耗，设立中压蒸汽系统。即利用这部分过剩热量来产生蒸汽，其中包括高温取热炉、油浆蒸汽发生器（两组，在分离岗位）、外取热器及余热锅炉等。其中高温取热炉、外取热器各用一台汽包；油浆蒸汽发生器每两台为一组，每组共用一台汽包，因此本装置系统中共设有四台汽包，其中外取热器、油浆蒸汽发生器分别用催化剂、油浆作为热源，而高温取热炉、烟气余热锅炉则用再生烟气作为热源。

由电厂来的除盐水送到装置分馏塔顶油气换热器，将水温由原来的 40℃ 提高到 60～

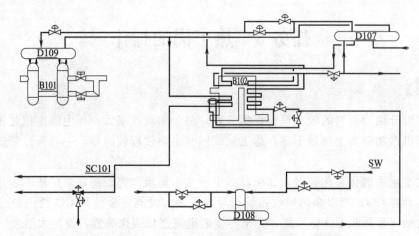

图 3-13 某重油催化裂化装置余热回收系统流程

B101—高温余热锅炉；B102—低温余热锅炉；D107—外取热器汽包；

D108—除氧器及水箱；D109—高温取热器汽包；SC101—减温减压器

70℃，再进入压力式除氧器，除氧后由中压锅炉给水泵送入烟气余热锅炉省煤段进行预热，温度由除氧后的122℃提高至180℃分别作为高温取热炉、外取热器、油浆蒸汽发生器的汽包给水，其流量的大小分别由各自汽包液位控制。

外取热器、高温取热炉、油浆蒸汽发生器产生的汽水混合物在各自的汽包内分离，分离出来的饱和蒸汽合并到一起，在烟气余热锅炉一级过热器过热，再进入二级过热器，使饱和蒸汽在压力不变的情况下，热焓量增加，以提高汽轮机的效率。从二级过热器出来的过热蒸汽压力为3.6MPa，温度为400℃，到同轴四机组的汽轮机做功，一旦机组出现故障，中压蒸汽经减温减压器并入1.0MPa蒸汽管网。

另外，在过热器和省煤器之间设二组蒸发取热器，因烟机停运时，进入烟气余热锅炉的烟气温度很高，经过热器后的温度仍可使省煤器沸腾，而使中压蒸汽装置中的汽包液位无法控制。增加蒸发段后，用外取热器循环热水泵抽出的热水取热，产生的蒸汽回到外取热器汽包。

二、认识热工系统设备，了解构造，熟悉作用

1. 余热锅炉

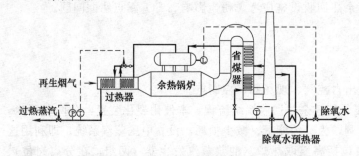

图 3-14 余热锅炉结构

余热锅炉用于回收烟气中因热量产生的饱和蒸汽。其结构如图 3-14 所示，小型装置余热锅炉只设蒸发段和过热段，中大型装置余热锅炉由省煤器、蒸发段和过热段组成，从上游来的烟气进入余锅部分分成两路。一路经过高温蝶阀、水封罐进入余锅，降温后再经过烟道挡板排入烟囱；另一路成为余锅旁路直接排入烟囱，此路只有在余锅故障或余锅投用前使用。

经过烟机后的一再烟气、二再烟气，进入余热锅炉的蒸发段，对饱和蒸汽进行加热，产

生过热蒸汽。加热饱和蒸汽后的烟气依次经过蒸发段、省煤器然后由烟囱排出。余热锅炉的蒸发段是余热锅炉产生饱和蒸汽的场所。余热锅炉的省煤器是利用烟气的余热加热锅炉给水温度的场所。

2. CO 焚烧炉

CO 焚烧炉（图 3-15）用于回收高温烟气中因热量产生的饱和蒸汽。CO 焚烧炉是空筒燃烧器，向其中补充约 15% 的燃料气，延期在 CO 焚烧炉中停留时间 1s 左右，在 950～1000℃下使 CO 充分燃烧成 CO_2。高温烟气再进入余热锅炉回收显热。

（1）结构　它由汽包、下降管、导汽管、联箱、炉管、炉膛六部分组成，为中压炉，采用单锅筒并联两个炉膛的结构。两个炉膛沿烟气流动方向串联，每个炉膛分为多组管束。炉管为夹套式，中心为下降管，夹套层为蒸发管，每根管子构成一个单独的循环回路，饱和水由汽包经下降管进入入口联箱，然后由联箱分配给各个炉管的中心给水管。在给水管底部改变流动方向后进入蒸发管，再此受热形成汽水混合物后经蒸汽导管进入出口联箱，最后经过导汽管进入汽包进行汽水分离。

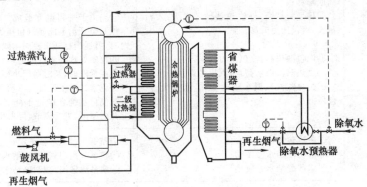

图 3-15　带 CO 焚烧炉的余热锅炉

（2）作用

① 回收高温烟气显热，产生中压蒸汽，降低装置能耗；

② 通过调节高温取热炉的取热量，将烟机入口温度控制在要求范围之内；

③ 由于烟气经过高温取热炉后，降低了对后烟道材质的要求，简化了设备结构，节约了设备投资。

三、热工操作

1. 学习操作原则

热工系统是催化装置重要的能量回收系统，其运行的好坏对装置能耗高低有直接影响。同时，这一系统运行是否正常直接影响整个装置的安全、平稳运行。

① 负责热工岗的正常运行操作，负责本岗非正常情况及事故处理，负责热工岗的开停工操作。确保正常生产运行时的各部参数平稳。

② 保证装置用汽温度、压力。

③ 保证余热锅炉蒸发量符合规定，绝对禁止超温超压运行。

④ 调节参数要均衡进行，维持各液位正常。

⑤ 加强水质管理，保证各汽包给水、饱和蒸汽、过热蒸汽的品质合格，并认真执行排污制度。

⑥ 确保本岗位设备运行正常。安全附件灵活好用。

2. 岗位正常操作

根据操作原则，总结归纳出操作要点，热工操作参数的控制与调节见表 3-4。

表 3-4   热工操作参数的控制与调节

序号	控制内容	主要影响因素	调节方法
1	外取热器汽水分离液位	①锅炉给水系统故障、给水泵故障、热水循环泵故障； ②再生器床层料位的变化	①调节止水控制阀，控制阀开度大，汽包液位高； ②严格控制汽包液位在 40%～70%，防止平锅或蒸汽带水事故
2	汽包压力	①外取热器催化剂循环量的变化，循环量增加，取热量增加，汽包液位下降； ②蒸汽压力下降，汽包液位上升； ③汽包排污量变化，排污量大，液位下降 ④汽包压力控制阀故障，造成汽包压力升高或降低； ⑤再生温度高，外取热器循环量大，发汽量大，汽包压力升高； ⑥汽包液位高，汽包压力升高； ⑦过热蒸汽温度高，蒸汽压力高； ⑧过热蒸汽减温水量的变化，水量大，汽包压力高	①正常时，汽包压力由汽包压控阀自动控制； ②平稳再生器操作，稳定外取热器发汽量； ③严格控制汽包液位，严禁汽包液位超高造成蒸汽带水； ④汽包压控阀故障时，改副线控制，同时联系处理； ⑤当由于一再温度造成外取热器负荷过大，压控阀全开仍不能使汽包压力控制在规定范围内时，可适当打开压控阀副线阀； ⑥控制好汽提蒸汽流量； ⑦藏量低时，及时启用小型加料补剂； ⑧调节二再主风量与一再、二再烧焦比例，仍不能使再生含碳量下降时，根据引起生焦量上升的原因，进行调节，降低生焦量
3	除氧器液位	①各汽包上水总量变化； ②解析凝结水量波动； ③罐区凝结水量波动	①控制汽包上水量平稳； ②联系分离岗，控制凝结水量平稳； ③联系罐区岗，控制凝结水量平稳
4	锅炉汽包水位	①蒸发量变化； ②锅炉给水量变化； ③排污量变化	①控制合适的给水量； ②控制合适的给水量； ③控制合适的排污量

【归纳总结】

读懂催化热工系统带控制点工艺流程，找出控制点的位置；能分析影响热工操作的因素；会调节控制塔外取热器汽水分离液位、汽包压力、除氧器液位、锅炉汽包水位。

【拓展训练】

催化裂化装置能量回收部分事故处理（仿真操作）。

任务 6   催化裂化装置——再生部分冷态开车仿真操作

【任务介绍】

高职大二石油加工生产技术专业的十名学生经过催化工艺流程和主要岗位操作的学习和训练以后，指导老师告诉他们可以进行催化装置冷态开车的仿真操作。老师对于装置仿真操作的学习训练，给同学们指出了学习要点：

① 熟悉装置的工艺流程；

② 清楚操作工艺指标；

③ 岗位正常操作的调节控制法；

④ 装置冷态开车操作规程。

知识目标：熟悉仿真软件上 DCS 和现场流程画面；熟悉冷态开车操作方法。

能力目标：能依照操作规程，在装置仿真软件上进行装置的冷态开车操作。

【任务分析】

装置的冷态开车仿真操作，是模拟现场训练操作工的一种非常有效的学习训练方法。通过仿真操作的训练，使新上岗的操作工能缩短上岗以后的学习时间，能很快独立顶岗。

工艺流程和操作参数是顺利进行装置冷态开车的基础。因此，只有在熟悉工艺流程的前提下方可进行装置的冷态开车操作。

老师给同学们设计了一个仿真操作实施的具体方案：熟悉装置总貌图程→装置的 DCS 和现场流程→操作参数→冷态开车操作规程及岗位正常操作法→冷态开车操作。

【任务实施】

一、训练准备

熟悉工艺流程及生产原理。

1. 工艺流程

原料油经分馏换热升温至 150～250℃后进入提升管底部（进入提升管的原料油已升温，设计本软件时该升温过程在分离岗位进行，在此不再有升温过程），原料油与雾化蒸汽在进料喷嘴混合室混合后，原料油被雾化，经过四组进料喷嘴（每组喷嘴代表两个对称的喷嘴）喷出的油料雾滴进入提升管与第二再生器的催化剂接触并汽化，裂化成轻质产品。提升管的另外两路进料分别是由分馏系统的油浆进入提升管的第三层两个喷嘴及回炼油进入提升管的第二层四个喷嘴。

反应油气、水蒸气、催化剂先经提升管出口的垂直齿缝式快速分离器分出大部分催化剂，再经四组单级旋风器分离出催化剂后，反应生成物、惰性物质、蒸汽及微量的催化剂进入分馏塔。从旋风分离器底出来的携带少量油气的催化剂到达汽提段，通入蒸汽将油气汽提出去。然后通过待生斜管进入船形分布器而到第一再生器密相床顶部。

含焦炭的催化剂进入第一再生器在 630～718℃下烧掉焦中全部的氢和部分碳，烧焦量和再生温度由进入第一再生器的风量来调节。携带部分催化剂的烟气经六组二级旋分器把催化剂分离下来。第一再生器内催化剂一部分去外取热器，取走过剩的热量，并与半再生立管下来的催化剂混合，由增压机来的增压风（约占第二再生器风量的 1/3）将催化剂提升到第二再生器。

第二再生器在 680～730℃下用过剩的氧烧掉焦中余下的碳。由于在第一级再生器中烧掉几乎全部的氢，从而降低了第二级再生器中水蒸气分压，使第二级再生器可以在更高的温度下操作，而不会造成催化剂的水热失活。三组二级外旋把催化剂和烟气分开。催化剂进入脱气罐，并顺次进入再生立管，然后经再生滑阀进入提升管底部，实现反应-再生之间的催化剂循环。

催化裂化反应-再生系统仿真操作画面见图3-7。

2. 生产原理

催化裂化是炼油工业中重要的二次加工过程，是重油轻质化的重要手段。它是原料油在适宜的温度、压力和催化剂存在的条件下，进行分解、异构化、氢转移、芳构化、缩合等一系列化学反应，原料油转化成气体、汽油、柴油等主要产品及油浆、焦炭的生产过程。催化裂化的原料油来源广泛，主要是常减压的馏分油、常压渣油、减压渣油及丙烷脱沥青油、蜡膏、蜡下油等。随着石油资源的短缺和原油的日趋变少，重油催化裂化有了较快的发展，处理的原料可以是全常渣甚至是全减渣。催化裂化过程具有轻质油收率高、汽油辛烷值较高、气体产品中烯烃含量高等特点。

　　反应再生部分：其主要任务是完成原料油的转化。原料油通过反应器与催化剂接触并反应，不断输出反应产物，催化剂则在反应器和再生器之间不断循环，在再生器中通入空气烧去催化剂上的积炭，恢复催化剂的活性，使催化剂能够循环使用。烧焦放出的热量又以催化剂为载体，不断带回反应器，供给反应所需的热量，过剩热量由专门的取热设备取出加以利用。

　　二、上机操作

① 开工前的准备工作及全面大检查；

② 反应-再生系统气密试验；

③ 炉点火使反应-再生系统升温；

④ 热拆大盲板，使之进行反应以驱赶空气；

⑤ 三器流化装剂前准备——催化剂储罐装入催化剂；

⑥ 装入三个再生器的催化剂进行流化反应；

⑦ 反应进油。

【考核评价】

以计算机评价系统评分为准。

【归纳总结】

熟悉工艺流程和操作规程、操作参数，在装置仿真软件上完成冷态开车操作。

加氢汽油、煤油、柴油的生产

【学习情境描述】

加氢裂化是重质油品在一定氢压、较高温度和适宜催化剂作用下,产生以加氢和裂化为主的一系列平行顺序反应,转化为轻质油的过程。加氢裂化采用具有裂化和加氢两种作用的双功能催化剂,因此,加氢裂化实质上是在氢压下进行的催化裂化。

加氢裂化对原料油的适应性强,按可加工的原料范围可分为馏分油加氢裂化和渣油加氢裂化,产品方案灵活。液体产品收率高,产品质量好,是生产优质清洁中间馏分燃料和石油化工原料的重要工艺手段。因此加氢裂化作为一种石油炼制工业中的二次加工工艺,在原油加工总流程中占有重要作用。加氢裂化装置主要由反应系统和分馏系统两部分组成,所以,加氢裂化生产车间主要岗位有反应岗、分馏岗。

任务1 认识加氢裂化装置和流程

【任务介绍】

某石化高职院有十二名石油化工生产技术专业大三学生到加氢车间毕业实习八周,实习前指导教师布置了学习任务:

① 认识流程和装置;

② 学习岗位的正常操作方法;

③ 学会异常现象的分析。

学生依据老师布置的任务,从学习认识流程开始。对于装置和流程的学习,老师提出了以下几点要求:

① 清楚加氢裂化原料油的来源;

② 知道加氢裂化产品的特点;

③ 了解此工艺涉及的单元操作及对应的设备;

④ 熟悉装置由哪几部分组成;

⑤ 看懂原则流程

⑥ 画出原则流程框图。

知识目标:了解加氢裂化装置组成、各部分的任务及工艺过程;了解加氢原料的来源及产品的特点;熟悉加氢裂化工艺特点。

能力目标:能叙述加氢裂化的工艺过程并会绘制原则流程;能在加氢裂化装置现场摸查流程。

【任务分析】

工艺流程是掌握各种加工过程的基础，作为合格的燃料油生产工，只有在熟悉工艺流程的基础上才可以进行装置的操作、条件的优化，才能生产出高质量的产品。

按如下步骤认识生产装置和流程：认识装置→认识流程→识读流程→摸查流程。

【相关知识】

一、加氢裂化原料、产品及特点

1. 加氢裂化的原料

（1）原料来源　目前，馏分油加氢裂化主要原料有直馏蜡油（VGO）、焦化蜡油（CGO）、脱沥青油（DAO）等，渣油加氢裂化主要原料有常压渣油（AR）、减压渣油（VR）、FCC 重循环油（HLCO）等。用于生产轻、重石脑油和液化石油气（LPG）。加氢裂化进料组分的性质主要取决于其原油的性质和加工过程。

（2）加氢裂化对进料的要求　加氢裂化对原料油的适应性强，可加工的原料范围宽，是其工艺的一大特点。加氢裂化的灵活性是通过加氢裂化装置的可操作性来实现的。加氢裂化装置的设计条件和工艺操作参数是根据特定的原料——产品方案确定的，故对其进料也有相应的要求。

① 加氢裂化原料油的馏程。目前，国内外普遍采用 ASTM D1160 的方法分析加氢裂化原料油的馏程。加氢裂化原料油通常是 350～530℃的馏分。小于 350℃馏分含量的较少，主要取决于常减压蒸馏装置的分馏效果。随着加氢裂化催化剂的技术进步，其进料干点（EP或 FBP）可高达 570℃以上，并已扩展到了 DAO 馏分。DAO 的 50%～70%点，馏出温度已高达 600℃以上。随着原料油干点的提高，其黏度、相对分子质量、残炭和沥青质含量都会相应增大，加氢裂化的难度也随之提高。残炭和沥青质是生焦的前身物，尤其当进料的沥青质过高时，加氢裂化装置精制油和产品都会呈现黑色。一般对加氢裂化进料中残炭和沥青质含量的限值分别小于 0.3%和 0.01%。

② 加氢裂化原料油中的杂质。加氢裂化原料油中的杂质通常是指原料油中非烃化化合物所含的硫、氮、氧、氯和重金属，以及水和机械杂质等。

a. 硫。尽管加氢裂化对原料油的硫含量没有限制，但原料油硫含量对加氢过程的作用和影响不容低估。原料油中的有机硫化合物在加氢过程中，生成相应的烃类和硫化氢（H_2S）；在反应系统中，具有一定 H_2S 分压；适当的 H_2S 分压有助于维持硫化态加氢催化剂良好的硫化状态、活性和稳定性。对于非贵金属的硫化型加氢催化剂来说，反应系统的 H_2S 分压应保持在 0.05MPa 以上，即在反应系统压力 10.0～15.0MPa 的条件下，循环氢中的 H_2S 含量应控制在 0.05%（体积分数）以上。

b. 氮。原料中的含氮化合物对裂化催化剂的活性、产品的质量（安定性）有极大的负面影响。对于一段串联的加氢裂化过程，在精制段的反应器中，将原料油的氮含量降低到预期的程度（例如小于 $10\mu g/g$ 或更低），使精制油的氮含量满足加氢裂化催化剂对进料氮含量的要求，实现装置的长期稳定运转。在单段加氢裂化工艺中，在其反应器的顶部床层装填适量的精制催化剂，降低裂化催化剂床层入口进料的氮含量，会有助于降低其反应温度。

c. 氧。氧化物在加氢裂化过程中对催化剂的活性和稳定性没有直接的影响，但加氢生成的水（水蒸气）对含分子筛裂化催化剂的活性和稳定性有较大的不利影响。有机含氧化合物的氧很容易加氢脱除。目前，加氢裂化对天然油原料油中的含氧量没有具体的限值。进料中的含氧量高，会增加放热反应和化学氢耗量。原料中含有过多的环烷酸，易腐蚀上游的设备和管线，其生成的环烷酸铁易在反应器内顶部沉积，使压力降上升，影响运转周期。

2. 加氢裂化的产品

(1) 气体产品　加氢裂化的气体产物有硫化氢（H_2S）、氨（NH_3）、C_1、C_2、C_3和 C_4。

① H_2S 和 NH_3。H_2S 和 NH_3 是原料油在加氢裂化过程中进行加氢脱硫、加氢脱氮反应的产物。

② 低分子烃。低分子烃的产率主要取决于催化剂的选择性和加氢裂化的转化深度。加氢裂化反应遵循碳正离子反应机理和碳正离子 β 位断链的原则。裂化反应所生成的低分子烃主要是 C_3、C_4 的饱和烃，C_4 异构烷烃含量大于 C_4 正构烷烃，C_1、C_2 的数量极少。其中，C_3、C_4 组分可作为液化石油气产品，C_1、C_2 组分一般作为燃料气使用。

(2) 轻质产品　轻质产品——石脑油，是加氢裂化的主要目的产品之一。加氢裂化石脑油分为轻石脑油和重石脑油。

① 轻石脑油。通常，加氢裂化的轻石脑油是指 C_5～65℃或 C_5～82℃馏分。加氢裂化轻石脑油馏分中的异构烷烃含量高，辛烷值较高，是优质的清洁汽油调合组分，也可用作烃水蒸气转化制氢原料或蒸汽裂解制乙烯原料。轻石脑油的产率与催化剂的选择性和加氢裂化的转化深度密切相关，少者 1%～2%，多者 23%～24%；轻石脑油中的异构烷烃含量与其馏程有关，C_5～65℃轻石脑油的异构烷烃含量要高于 C_5～82℃轻石脑油。

② 重石脑油。65～177℃或82～132℃的重石脑油馏分是加氢裂化的主要目的产品之一，其硫、氮含量低，小于 $0.5\mu g/g$，芳烃潜含量高，是优质的催化重整的进料组分。重石脑油的芳烃潜含量与原料油的性质和加氢裂化的转化深度有关。加氢裂化的单程转化率越高，重石脑油的芳烃潜含量越低。重石脑油的产率主要取决于加氢裂化的转化深度。

(3) 中间馏分油　加氢裂化的中间馏分油是指喷气燃料和柴油馏分。

① 喷气燃料。直馏喷气燃料一般是 130～230℃馏分。130～177℃馏分既是直馏喷气燃料组分，也是宽馏分重整原料组分。我国原油的轻馏分含量少，存在宽馏分重整与直馏喷气燃料争原料的问题。加氢裂化 132～232℃馏分、177～280℃馏分，是优质的喷气燃料或喷气燃料组分。

喷气燃料除了对馏程有一定要求外，由于特定的使用环境和条件，其主要规格质量指标要求密度（20℃）不小于 $0.775g/cm^3$，闪点（闭口）不低于38℃，冰点不高于−47℃，芳烃含量不大于 20%，硫醇性硫含量不大于 0.002%，烟点不小于 25mm。在烟点放宽至不小于 20mm 时，萘系烃含量应不大于 3%。另外，还有一些相关的质量指标和动态热安定性指标要求。

② 柴油馏分。加氢裂化柴油馏分的馏程范围取决于其产品喷气燃料、循环油或尾油的切割方案，一般是 232～350℃、260～350℃或 282～350℃馏分。近年来，为提高柴汽比，在其馏程 95%馏出温度不高于 365℃的前提下，有的已将切割点延伸到 373℃或 385℃。

直馏柴油的十六烷值较高，芳烃含量相对较低，但由于原油重质化，其数量有限。FCC柴油馏分的硫、氮和芳烃含量高，十六烷值低，颜色和安定性差。加氢裂化柴油馏分的硫、氮和芳烃含量低，十六烷值高，是生产柴油的清洁组分。

(4) 加氢裂化尾油

① 加氢裂化尾油的性质。加氢裂化在采用单程一次通过和尾油部分循环裂解的工艺流程时，都会产生一部分尾油。在加氢裂化过程中，由于原料油中的多环芳烃的逐环加氢饱

和、开环裂解，所以加氢裂化尾油中富含链烷烃，不同烃类的氢含量排序是链烷烃＞环烷烃＞芳香烃，故其具有氢含量高、硫氮含量及芳烃含量低等特点，有较广泛的用途。

② 加氢裂化尾油的利用。加氢裂化尾油（未转化油）的性质与原料油、催化剂、工艺流程、转化深度及馏程等有关。其主要利用途径是在加氢裂化装置上循环裂解，或用作蒸汽裂解制乙烯原料、FCC 原料和润滑油基础油原料。

二、加氢裂化装置组成与工艺流程

1. 加氢裂化的特点

对原料适用范围广泛，能广泛采用劣质原料生产优质产品，可以从粗汽油生产液化气，从重馏分油生产优质汽油、航空煤油、柴油及生产催化重整原料油、催化裂化原料油，从重油馏分油和脱沥青渣油生产高级润滑油，也可以进行常压渣油直接脱硫生产低硫燃料油。

产品方案灵活性大，分布可以控制，质量优良，可以通过选择不同类型的催化剂、合适的工艺流程和操作条件，改变操作方式，以实现从不同原料制取不同目的产品的要求。由于加氢裂化原料中的稠环芳烃可最后转化为单环环烷烃而进入裂解产物中，可选择适合于深度裂解的催化剂、全循环操作方式把高于目的产品干点的尾油全部循环，最大限度的生产优质重整原料，这种工艺最能充分利用原料中的稠环烃，是其他工艺不能代替的。选择合适的催化剂采取全循环操作，能最大限度地生产优质的中间馏分航空煤油和低凝柴油。还有一种缓和加氢裂化，具有 30％～40％较低的单程裂解率，可以从劣质的直馏原料中取得优质加氢裂化尾油作为乙烯原料。

加氢裂化工艺单程裂解率一般都在 60％以上，可采取单程通过、尾油部分循环或全部循环操作方式。其加工过程损失小，轻质油收率高，液体体积收率高达 100％以上，质量收率亦可以达到 95％以上，比其他加工方法的产率高。

2. 加氢裂化的分类

按加氢裂化过程所用的原料油沸程的不同，分为轻油加氢裂化、馏分油加氢裂化和渣油加氢裂化三种。

按催化剂在反应过程的工作状态的差异，可分为固定床、悬浮床、沸腾床和移动床加氢裂化。

按工艺流程的不同排列形式，可分为一段法、两段法两种。每一种流程都可以有三种不同的操作方式，即单程通过（一次通过）、全循环和未转化油（尾油）、中馏分油部分循环。

按操作条件的苛刻度区分，可分为高压加氢裂化、缓和及中压加氢裂化。一般在 10.0MPa 以下的加氢裂化工艺称作缓和加氢裂化；在 10.0MPa 以上的加氢裂化工艺称作高压加氢裂化。

3. 装置组成

加氢裂化装置（图 4-1）由两部分组成：反应系统和分馏系统。

(1) 反应系统　通过加氢精制和加氢裂化反应，将原料油部分转化为轻质油。

(2) 分馏系统　把反应产物分馏为气体、石脑油、喷气燃料、柴油和尾油。

图 4-1　加氢裂化现场装置

4. 工艺流程

根据原料性质、目的产品和质量要求及催化剂性质不同，主要采用以下三种工艺流程：①单段工艺流程；②两段工艺流程；③一段串联工艺流程。

① 单段工艺流程。单段加氢只设一个（组）反应器，分段装有不同性能催化剂，原料油一次通过分别完成加氢精制和加氢裂化反应过程。

② 两段工艺流程　在两段加氢裂化的工艺流程中设置两个（组）反应器，见图 4-2。分别装不同性能的催化剂。在单个或一组反应器之间，反应产物要经过气-液分离或分馏装置将气体及轻质产品进行分离，重质的反应产物和未转化反应物再进入第二个（组）反应器，这是两段过程的重要特征。它适合处理高硫、高氮减压蜡油，催化裂化循环油，焦化蜡油，或这些油的混合油，亦即适合处理单段加氢裂化难处理或不能处理的原料。

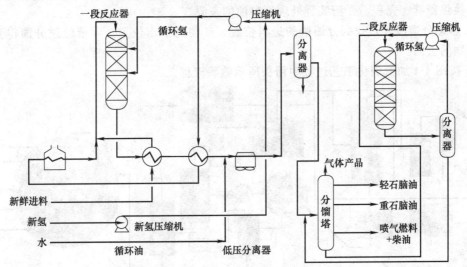

图 4-2　两段加氢裂化工艺流程

该流程设置两个反应器，一个为加氢处理反应器（一反），另一个为加氢裂化反应器（二反）。新鲜进料及循环氢分别与一反出口的生成油换热，加热炉加热，混合后进入一反，在此进行加氢处理反应。一反出料经过换热及冷却后进入分离器，分离器下部的物流与二反流出物分离器的底部物流混合，一起进入共用的分馏系统，分别将酸性气以及

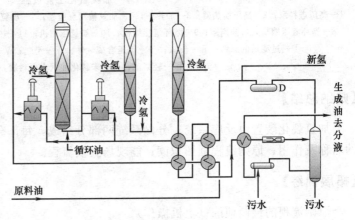

图 4-3　一段串联加氢裂化工艺过程

液化石油气、石脑油、喷气燃料等产品进行分离后送出装置，由分馏塔底导出的尾油再与循环氢混合加热后进入二反。此时进入二反物流中 H_2S 及 NH_3 均已脱除干净，油中硫、氮化合物含量也很低，消除了这些杂质对裂化催化剂的影响，因而二反的温度可大幅度降低。此外，在两段工艺流程中，二反的氢气循环回路与一反的相互分离，可以保证二反循环氢中较少的 H_2S 及 NH_3 含量。

③ 一段串联工艺流程。一段串联流程是两段流程的发展，见图 4-3，使用抗氮抗 H_2S 的催化剂，省掉了两个反应器间一整套加热、加压冷却、减压、分离设备，节省投资和操作费用，并且操作方案灵活，已被广泛采用。

【任务实施】

一、上现场认识生产装置

① 要先弄清楚生产装置包括反应系统和分馏系两道工序，然后对此两部分一一认识。

② 熟悉每道工序主体设备的名称、作用。

二、认识流程

① 熟悉反应系统流程：找到加料泵进口、出口。找到加热炉进口、出口及反应器进口、出口，换热器管、壳程。弄清装置处理原料油的来源。

② 熟悉分馏流程：找到分馏塔的进料位置、产物的抽出位置。弄清经过分馏得到的产物及产物的去向。

③ 按图 4-4 加氢裂化工艺过程中箭头所示熟悉流程。

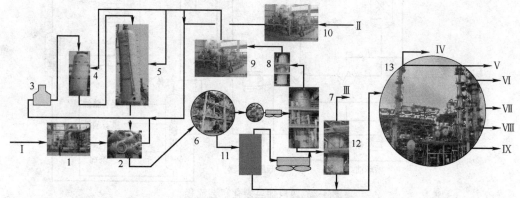

图 4-4　加氢裂化工艺过程

1—高压进料泵；2—高压换热器；3—加热炉；4—加氢精制反应器；5—加氢裂化反应器；6—热高分；7—冷高分；8—循环氢压缩机入口分离罐；9—循环氢压缩机；10—新氢压缩机；11—热低分；12—冷低分；13—分馏系统；

Ⅰ—过滤后的原料；Ⅱ—新氢；Ⅲ—低压含硫气体；Ⅳ—干气；Ⅴ—轻石脑油；Ⅵ—重石脑油；

Ⅶ—航煤；Ⅷ—轻柴油；Ⅸ—未转化油（去原料罐，或少量外排）

【归纳总结】

加氢裂化装置由反应系统、分馏系统两部分组成，每部分完成的任务；装置的主体设备的名称及作用；原则流程框图识读；能现场查摸流程。

【拓展训练】

原则流程的绘制训练（上机操作）。

任务 2　加氢裂化反应与操作

【任务介绍】

分析加氢裂化反应影响因素，控制反应温度、压力及氢油比、空速等操作参数，保证反应系统平稳操作。

知识目标：了解加氢裂化发生的化学反应；熟悉加氢裂化催化剂的组成、使用性能；熟悉加氢裂化反应系统设备的构造与作用，熟悉反应系统带控制点的工艺流程。

能力目标：能通过反应影响因素分析确定操作条件；能在装置仿真软件上依据操作规程处理异常现象和进行正常调节。

【任务分析】

对于加氢裂化装置，反应系统是装置的核心部分，这个系统操作是否平稳，对整个装置的影响极大。搞好平稳操作的关键在于控制好物料平衡、压力平衡和热量平衡。

【相关知识】

加氢裂化反应包括饱和、还原、裂化和异构化。

一、烷烃、烯烃的加氢裂化反应

烷烃（烯烃）在加氢裂化过程中主要进行裂化、异构化和少量环化的反应。烷烃在高压下加氢反应而生成低分子烷烃，包括原料分子某一处 C—C 键的断裂，以及生成不饱和分子碎片的加氢。以十六烷为例：

$$C_{16}H_{34} \rightarrow C_8H_{18} + C_8H_{16} \xrightarrow{H_2} C_8H_{18}$$

反应生成的烯烃先进行异构化随即被加氢成异构烷烃。烷烃加氢裂化反应的通式：

$$C_nH_{2n+2} + H_2 \rightarrow C_mH_{2m+2} + C_{n-m}H_{2(n-m)+2}$$

长链烷烃加氢裂化生成一个烯烃分子和一个短链烷烃分子，烯烃进一步加氢变成相应烷烃，烷烃也可以异构化变成异构烷烃。

烷烃加氢裂化的反应速率随着烷烃相对分子质量的增大而加快。在加氢裂化条件下烷烃的异构化速率也随着相对分子质量的增大而加快。烷烃加氢裂化深度及产品组成，取决于烷烃碳离子的异构、分解和稳定速率以及这三个反应速率的比例关系。改变催化剂的加氢活性和酸性活性的比例关系，就能够使所希望的反应产物达到最佳比值。

烯烃加氢裂化反应生成相应的烷烃，或进一步发生环化、裂化、异构化等反应。

二、环烷烃的加氢裂化反应

单环环烷烃在加氢裂化过程中发生异构化、断环、脱烷基链反应，以及不明显的脱氢反应。环烷烃加氢裂化时反应方向因催化剂的加氢和酸性活性的强弱不同而有区别，一般先迅速进行异构然后裂化，反应历程如下：

带长侧链的环烷烃，主要反应为断链和异构化，不能进行环化，单环可进一步异构化生成低沸点烷烃和其他烃类，一般不发生脱氢现象。长侧链单环六元环烷烃在高酸性催化剂上进行加氢裂化时，主要发生断链反应，六元环比较稳定，很少发生断环。短侧链单环六元环烷烃在高酸性催化剂上加氢裂化时，直接断环和断链的分解产物很少，主要产物是环戊烷衍生物的分解产物。而这些环戊烷是由环己烷经异构化生成的。

双环环烷烃在加氢裂化时，首先发生一个环的异构化生成五元环衍生物而后断环，双环是依次开环的,首先一个环断开并进行异构化,生成环戊烷衍生物,当反应继续进行时,第二个环也发生断裂。

多元环在加氢裂化反应中环数逐渐减少,即首先第一个环加氢饱和后开环,然后第二个环加氢饱和再开环,到最后剩下单环就不再开环。至于是否保留双环则取决于裂解深度。裂化产物中单环及双环的饱和程序,主要取决于反应压力和温度,压力越高、温度越低则双环芳烃越少,苯环也大部分加氢饱和。

三、芳香烃的加氢裂化反应

在加氢裂化的条件下发生芳香环的加氢饱和而成为环烷烃。苯环是很稳定的,不易开环,一般认为苯在加氢条件下的反应包括以下过程:苯加氢生成六元环烷烃,六元环烷烃发生异构化,五元环开环和侧链断开,反应式如下:

烷基苯先裂化后异构,带长侧链单环芳烃断侧链去烷基,也可以环化成双环化合物。

稠环芳烃部分饱和并开环及加氢而生成单环或双环芳烃及环烷烃,只有极少量稠环芳烃在循环油中积累。稠环芳烃主要发生氢解反应,生成相应的带侧链单环芳烃,也可进一步断侧链,它的加氢和断环是逐次进行的,具有逐环饱和、开环的特点。稠环芳烃第一个环加氢较易,全部芳烃加氢很困难,第一个环加氢后继续进行断环反应相对要容易得多。所以稠环芳烃加氢的有利途径是:一个芳烃环加氢,接着发生环烷断环或经过异构化成五元环,然后再进行第二个环的加氢。芳香烃上有烷基侧链存在会使芳烃加氢变得困难。以萘为例,其加氢裂化反应为:

【任务实施】

一、熟悉加氢裂化反应工艺流程

熟悉加氢裂化反应工艺流程,找出自控阀、现场阀、控制点,加氢裂化反应部分工艺流程见图4-5。

二、认识加氢裂化反应器,了解构造,熟悉作用

加氢裂化反应器是进行加氢裂化反应的场所,见图4-6,由简体和内构件组成。简体分冷壁和热壁两种结构。同冷壁反应器比较,热壁反应器因器壁相对不易产生局部过热现象,从而可提高使用的安全性;可以充分利用反应器的容积;施工周期较短,生产维护较方便。所以目前多采用冷壁结构的简体。反应器内构件是反应器系统的重要组成部分,同加氢催化剂和加氢工艺一样,三者构成反应器性能三因素。反应器内构件有入口扩散器、顶部分配盘、冷氢箱、再分配盘和出口收集器。热电偶套管位于简体侧面。每个催化剂床层的催化剂卸出口设在床层的底部简体上,底部床层催化剂卸料口设在底封头上。主要内构件的作用见

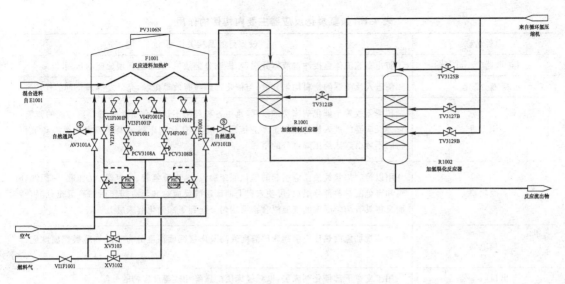

图 4-5　加氢裂化反应部分工艺流程

注：反应护的复杂控制，在 PI 图绘制中没有体现，但是模型模拟过程包含反应炉的复杂控制

表 4-1。

三、分析加氢裂化过程影响因素，确定操作条件

1. 反应压力

对加氢裂化过程的影响是通过系统中的氢分压来实现的，氢分压决定于操作总压、氢油比、循环氢纯度及原料汽化率。加氢反应是分子数减少的反应，提高反应压力对加氢反应热力学有利。提高氢分压有利于原料油的汽化而使催化剂上的液膜厚度减小，有利于氢向催化剂表面扩散，但压力过高会增加液膜厚度，从而增加氢气扩散的阻力。加氢裂化的反应速率与氢分压成正比，提高反应压力使加氢裂化反应速率加快，有利于促进加氢裂解和抑制缩合反应，减缓催化剂表面的积炭速度，延长催化剂使用寿命，但设备投资、氢耗、能耗相应增加；降低反应压力，加快积炭速度和缩短催化剂使用周期。加氢裂化反应器内还必须保持一定的硫化氢分压，防止硫化态（Ni-Mo-W）等加氢组分因失硫而失活。实际生产上反应压力不作为一个操作变数。

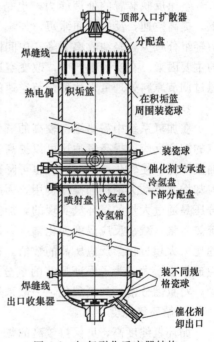

图 4-6　加氢裂化反应器结构
及主要内构件

此外，反应压力对加氢裂化反应速率和转化率的影响比较复杂，要根据原料性质、催化剂类型、产品要求和经济效益等诸多因素综合考虑。

2. 反应温度

反应温度对产品的质量和收率起着较大的作用，是加氢裂化过程必须严格控制的操作参数，也是正常操作中经常调节的参数。加氢裂化反应的活化能较高，提高反应温度，反应速率加快，反应产物中轻组分含量增加，烷烃含量增加，环烷烃含量下降，异构烷烃与正构烷烃的比例下降。反应温度过高，加氢的平衡转化率会下降；反应温度过低，裂化反应速率过慢。为了充分发挥催化剂效能和适当提高反应速率，需保持一定的反应温度。

表 4-1　加氢裂化反应器主要内构件的作用

内件名称	设置目的及相关说明
入口扩散器(预分配器)	防止高速流体直接冲击液体分配盘,影响分配效果,从而起到预分配的作用
气液分配盘	使进入反应器的物料均匀分散,与催化剂颗粒有效地接触,充分发挥催化剂的作用
积垢篮	积垢篮放置于催化剂床层的顶部,是由各种规格不锈钢金属丝网与骨架构成的篮筐,它为反应器的进入物料提供更多的流通面积,使催化剂床层可聚集更多的锈垢和沉积物而不致引起床层压降过分的增加
冷氢箱	用以控制加氢放热反应引起的催化剂床层温升,由冷氢管、冷氢盘、混合道、中间混合箱和再分配盘等部分组成,可使来自上面床层的反应物和起冷却作用的冷氢充分混合,而又将具有均匀温度的气液混合物再均匀分配到下部催化剂床层上
热电偶	为监视加氢放热反应引起床层温度升高及床层截面温度分布状况等对操作温度进行管理
出口收集器	用于支撑下部催化剂床层,以减轻床层的压降和改善反应物的分配

3. 空速

空速反映装置的处理能力,也是控制加氢裂化反应深度的重要参数。在加氢裂化条件下,提高空速,反应时间缩短,加氢裂化转化深度下降,床温下降,氢耗略下降,反应产物中轻组分减少,轻油收率下降,中间馏分油收率提高。原料中稠环芳烃含量是影响选定空速的主要因素。在实际生产中,改变空速也和改变反应温度一样是调节产品分布的一种手段,通过调节原料处理量来达到调节空速的目的。

4. 氢油比

在加氢系统中需要维持较高的氢分压,氢分压对加氢反应热力学有利,同时抑制积炭生成的缩合反应。提高氢油比可以提高氢分压,有利于提高原料油的汽化率和降低催化剂表面油膜厚度,使转化率提高同时也可降低催化剂表面积炭速度。提高氢油比对反应是有利的,但却增大了动力消耗和操作费用,因此要根据具体条件选择最适宜的氢油比。维持较高的氢分压是通过大量的循环氢实现的,加氢反应是放热反应,大量循环氢可以有效地提高反应系统热容量,减小反应温度变化幅度,使整个反应床层温度容易控制平稳。加氢过程所用的氢油比大大超过化学反应所需的数值。在加氢裂化过程中,由于热效应较大,氢耗较大,气体生成量也增大,为了保证足够的氢分压和保持一定的反应速率并维持催化剂必要的使用寿命,对重馏分油的加氢裂化,一般采用较大的氢油比,通常为 1000～1500,高的可达 2000。

5. 循环氢纯度

循环氢纯度高,可保持较高的氢分压,有利于提高产品质量,同时还可以减少油料在催化剂表面缩合结焦,有利于保持催化剂活性和稳定性,延长其使用期限,但过高的循环氢纯度势必大大提高操作费用,因此一般控制纯度为 85%～92%。

6. 原料油性质

原料油中要求有一定的硫含量,如果硫含量过低,在加氢裂化过程容易引起硫化态催化剂的脱硫,从而降低催化剂活性;但是硫含量过高,将使催化剂选择性降低,氢耗增加,氢分压降低。氮化物含量一般随石油馏分相对分子质量的增加而增加,它的存在对催化剂失活、精制及裂化反应器平均反应温度、反应器催化剂装填容积都有一定的影响。加氢裂化原料中允许的氮含量、原料油干点和催化剂总寿命是衡量催化剂水平的重要指标。原料油中氯化物对催化剂有毒害作用,与脱氮产生的氨生成氯化铵,腐蚀堵塞空气冷却器,应采取措施加以控制。原料油的平均沸点越高和相对分子质量越大，则越难转化，从而增加操作条件的苛刻度；原料油干点高，稠环芳烃多，含量也越高，将缩短催化剂的再生周期。原料油性质可用特性因数来表示，特性因数越小，芳烃含量越高，如果兼顾生产高芳烃潜含量的重整原料，高密度、低冰点航煤和低凝点柴油，则应选用中间基和芳香基原料。原料油中沥青质在加氢裂化时很容易结焦，影响催化剂的活性和稳定性。另外，原料中的铅和砷会使催化剂中毒，必须限制原料油中的铅＋砷含量$<500\mu g/g$；铁虽然对催化剂活性影响不大，但铁的盐类沉积在催化剂上会使床层压降增大而影响操作周期，一般要求原料油中铁含量$<2\mu g/g$，钼＋镍＋钒控制$<2\mu g/g$，钠$<1\mu g/g$。原料油中的镍、钒等金属会沉积在催化剂的表面上，这些金属的含量决定催化剂的使用周期，沉积的金属越多，催化剂的使用周期越短，要求原料中金属杂质的含量低于$50\mu g/g$，所含的金属杂质大多在加氢精制阶段被脱除。

对一定的原料油和选定的催化剂，操作条件可以从两个方面加以选择：选择反应温度与空速，以达到最佳单程转化率与选择性，在一定的反应温度下，空速越低，反应停留时间越长，单程转化率就越高；选择氢分压与氢油体积比，抑制催化剂积炭生成，保证催化剂稳定性，并改善产品质量。

四、反应岗操作

1. 首先学习操作原则

① 严格执行反应岗位的工艺操作指南，按生产方案要求，控制合理的反应深度，负责本岗位的开停工和事故处理；做好本岗位工艺设备及相关工艺管线巡检和日常维护工作，系统出现波动要及时汇报和处理，严格做好交接班制度和数据的原始记录。

② 加氢裂化是强放热反应，其反应速率明显受控于温度，若温度一旦失控，会产生催化剂床层"飞温"的严重后果。因此加氢裂化装置的操作运转，特别在开停工和紧急停工处理过程中，务必控制好反应温度，严格遵循升、降温和调量操作的基本准则，防止超温超压、设备泄漏等事故的发生，避免任何人员伤害、设备和催化剂损坏的情况发生。

③ 在正常操作中提高反应器温度一次不能超过1℃。因催化剂失活或操作条件变化所做的定期温度调节不超过0.5℃。反应温度的变化要经过一定时间才能通过产品流量或性质的变化反映出来，所以为调整转化率而进行的反应温度调节不能超过每小时1次。

④ 遵循先降温后降量原则，调整操作幅度要小。

⑤ 任何情况下加氢精制床层的最大温升不得超过30℃，加氢裂化床层的最大温升不得超过20℃。

⑥ 如果某些条件变化造成反应难度增加时，则相应增加精制床层温度。若反应难度有所降低，一定时间内可以保持精制床层原有温度不变。任何时候都要保证精制床层较高的脱氮率，如果原料的性质不很稳定，必须维持较高的精制床层脱氮率，以保护裂化床层催化剂。

⑦ 在正常生产中，反应温度超过1℃报告班长，并及时调整冷氢量和反应器入口温度。任何情况下，反应器内任何一点温度不能超过正常值15℃，床层最高温度不得超过450℃。

⑧ 当降低进料量时，要保持原有的循环氢流量。如果进料量在长时间内较低，可以将氢油比降到设计值800。任何情况下，循环氢流量都不能低于设计流量的75％。当进料量要恢复到正常水平时，应首先增加循环氢流量。

⑨ 定期检查氢油比并及时进行调整，通常可以维持较高的氢油比操作。当发生波动用到备用冷氢时，严格监测反应器急冷氢调节阀的开度。通常，急冷氢调节阀的开度不允许超过65％。

⑩ 为了维持系统稳定，开停工过程中温度升降速度≤30℃/h。特别是新催化剂，温度控制更要小心。当温度接近于工艺指标5~10℃，要降低升温速率，待温度平稳后再根据实际情况来调整加热炉出口温度，使温度控制在工艺指标范围内。

⑪ 反应器在任何阶段，如气密、干燥、硫化、正常运转等的升压过程中，反应器和热高分器的器壁最低温度在达到93℃以前，其冷高分操作压力不得超过4.125MPa。当器壁最低温度在达到93℃以后，其操作压力才允许逐渐升高到正常操作压力，升压速率不超过1.5MPa/h。停工过程中，反应器器壁最低温度在降到93℃以前，其操作压力必须降至4.125MPa以下。

2. 岗位正常操作

① 根据操作原则，总结归纳出操作要点。反应岗操作参数的控制与调节见表4-2。

表 4-2　反应岗操作参数的控制与调节

序号	控制内容	控制目标	控制方式
1	反应器入口温度	设定反应器入口温度波动不超过±1℃；第一床层温升≤25℃	加热炉出口温度与炉火嘴压控进行串级控制；调节原料油换热后加热炉入口温度时，会影响反应器入口温度，当原料油换热后温度升高，则反应器入口温度升高，此时需降低反应进料加热炉出口温度；当原料油换热后温度降低，则反应器入口温度降低，此时需升高反应进料加热炉出口温度
2	反应进料加热炉出口温度	操作初期操作温度为367℃左右，末期408℃左右；设定温度波动不超过±2℃	加热炉出口温度与加热炉火嘴压控阀进行串级控制；加热炉提温时温度控制调节器输出值增加，温度输出信号作为燃料气压力控制的给定值，从而增加燃料气量完成提温过程；加热炉降温时温度控制调节器输出值减少，温度输出信号作为燃料气压力控制阀的给定值，从而减少燃料气量，完成降温过程
3	热高分液位	液位控制设定值40%~60%；设定液位波动不超过±5%	分程控制，三个液位控制器的输出信号经选择开关取中间值，对调节阀进行调节；可以将调节阀单独设置手动状态，手动调节开度
4	冷高分界位控制	液位控制设定值40%~60%；设定液位波动不超过±5%	分程控制，三个液位控制器的输出信号经选择开关取中间值，对调节阀进行调节；可以将调节阀单独设置手动状态，手动调节开度

② 操作参数调节。按操作要领在加氢裂化仿真软件反应部分（见图4-7）上调节相关参数，注意各参数间的联系。

【归纳总结】

读懂加氢裂化反应部分工艺带控制点流程，找出控制点位置；掌握加氢裂化反应类型与特点；分析操作温度、操作压力、氢油比、空速和循环氢纯度、原料性质等对加氢裂化反应的影响；会调节控制加热炉出口温度、反应器出口温度等。

【拓展训练】

反应异常现象分析与处理（模拟操作）。

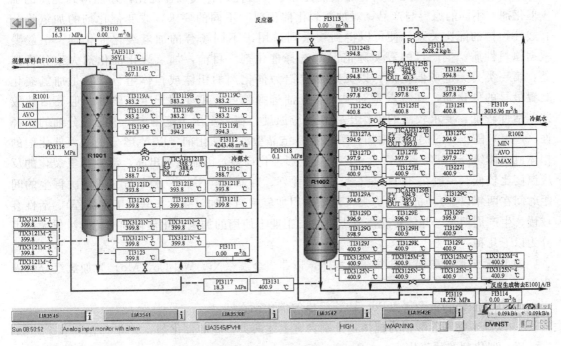

图 4-7   反应系统仿真控制流程

【知识拓展】

一、催化剂的组成

加氢裂化催化剂是由加氢组分和酸性组分组成的双功能催化剂，这种催化剂不但具有加氢活性，而且还具有裂化和异构化活性。它的加氢活性和裂化活性都决定于其组成及制备方法。活性良好的催化剂，要求催化剂的裂化组分和加、脱氢组分之间要有特定的平衡。

加氢金属组分是催化剂加氢活性的主要来源，其功能主要使不饱和烃加氢及非烃杂质（如氮、硫、氧化物）的还原脱除，同时还使生焦物质加氢而使弱酸中心保持清洁。这些活性组分主要是ⅥB族和ⅧB族的几种金属元素 Fe、Co、Ni、Cr、Mo、W 的氧化物或硫化物，此外还有贵金属 Pt、Pd 元素。对于加氢裂化催化剂，除了加氢活性外，尚需异构化和裂化活性，这些性能是通过加氢金属组分以及担体酸性来实现的。金属加氢组分在酸性担体上的分散度，是影响其活性及选择性的重要参数。金属比表面积的大小，与加氢活性成正比。但金属含量超过必要的平衡比例，对加氢活性的促进也就不大了。比较证明，氧化型的催化剂不如硫化型；此外证明了ⅥB族和Ⅷ族金属组分的组合较单独组分活性好，各种组合的加氢活性顺序如下：Ni-W＞Ni-Mo＞Co-Mo＞Co-W，对于非贵金属加氢活性组分来说，ⅥB族和Ⅷ族金属组分的组合，存在一个最佳金属原子比，以达到最好的加氢脱氮、加氢脱硫、加氢裂化和加氢异构化活性。

为改善加氢裂化催化剂的某些性能，如选择性、稳定性、活性等，制备催化剂时常采用各种添加物-助催化剂（助剂）。大多数助剂是金属元素或金属化合物，也有的是非金属化合物，如 Cl、F、P、B 等。

二、催化剂的类别与选择

加氢裂化催化剂是一种双功能催化剂，其使用性能的好坏，在很大程度上取决于酸性组分与加氢-脱氢组分的匹配，只有加氢活性和酸性活性结合成最佳配比，才能得到优质的加氢催化剂。不同的原料与产品，对加氢裂化催化剂有不同的要求，改变催化剂的加氢组分和酸性担体的配比关系，便可以得到一系列适用于不同场合的加氢裂化催化剂。一般要根据原料性质、生产目的等实际情况来选择催化剂。目前，加氢裂化催化剂大致分为两类：第一类是无定形催化剂，以无定形硅铝为催化剂的担体或担体组分，它是加氢裂化装置最早的催化剂，其特点是对中间馏分油选择性好，主要用于生产柴油，但灵活性较差，活性较低，要求较高的操作压力和反应温度。在一定压力范围内，中间馏分油的选择性（产率）随压力的提高而增加。第二类是结晶型沸石催化剂，以 Y 形分子筛为催化剂的担体或担体组分，其特点是酸性中心比无定形催化剂多，因而显示出高、活性加氢裂化的反应温度比较低（一般在 380℃ 左右）、稳定性好、寿命长、平均一次寿命（即两次再生的间距时间在两年以上）、抗氮能力强（可以采用加氢精制和加氢裂化串联的工艺流程）、活性衰减慢、生产周期长，并能转化高沸点进料。工业上使用的加氢裂化催化剂按化学组成大体可分为以下几种：

① 以无定形硅酸铝和硅酸镁为担体，以非贵金属（Ni、W、Co、Mo）为加氢组分的催化剂；

② 以硅酸铝和贵金属（Pd、Pt）组成的催化剂；

③ 以分子筛和硅酸铝为担体，分别含有上述两类金属的催化剂。

三、催化剂的预硫化

加氢催化剂的钨、钼、镍、钴等金属组分，使用前都是以氧化物的状态分散在载体表面。而起加氢活性的却是硫化态，在加氢运转过程中，虽由于原料油中含有硫化物，可通过反应而转变成硫化态，但往往由于在反应条件下，原料油含硫量过低，硫化不完全而导致一部分金属还原，使催化剂活性达不到正常水平。故目前这类加氢催化剂，多采用预硫化方法，将金属氧化物在进油反应前转化为硫化态。

加氢催化剂的预硫化，有气相预硫化与液相预硫化两种方法。气相预硫化（亦称干法预硫化），即在循环氢气存在下，注入硫化剂进行硫化；液相预硫化（亦称湿法预硫化），即在循环氢气存在下，以低氮煤油或轻柴油为硫化油，携带硫化剂注入反应系统进行硫化。

任务3　分馏操作

【任务介绍】

分馏塔的操作是分馏部分最重要的操作环节，对全装置的平稳操作起着重要的作用，并掌握着主要产品的质量控制。影响产品分离的操作参数有塔顶温度、回流温度、回流量、侧线抽出量、进料温度、塔底温度。分馏塔的操作应该做到平稳，减少波动。

知识目标：了解分馏塔的构造和作用；熟悉分馏系统的岗位操作法和对异常现象的处理方法；掌握分馏系统的开、停工操作规程；了解常分馏系统的控制方案；熟悉装置故障设置及处理方法。

能力目标：能认识分馏系统设备，熟悉其构造；能在催化裂化装置仿真软件上进行分馏系统的正常操作和异常处理；能进行催化裂化装置分馏系统开、停工仿真操作及装置故障处理仿真操作。

【任务分析】

分馏系统的目的是生产合格产品，物料平衡和热量平衡是分馏系统的设计思想和依据，也是分馏操作必须遵循的原则。塔顶温度、回流温度、回流量、侧线抽出量、进料温度、塔底温度等重要参数指标，要细调勤调，保持操作稳定。

【相关知识】

一、塔设备在化工生产中的用途

塔设备是实现气相和液相或液相和液相间传质的设备，在化工、炼油生产中应用非常广泛。在塔设备中完成的单元过程有精馏、吸收、解析、萃取等。另外，工业气体的冷却与回收、气体的湿法净制（如除尘、除沫与干燥）以及兼有气、液两相传质和传热的增湿、减湿等单元操作。

在生产中，塔设备的操作性能对于整个装置的产品产量、质量、消耗定额及三废处理等方面，都有很大的影响。

二、分馏原理

分馏原理是根据生成油中各组分的沸点（挥发度）不同，将生成油切割成不同沸点的馏分。利用加热炉将生成油进行加热，生成气、液两相，在分馏塔中，使气、液两相进行充分的热交换和质量交换，在提供塔顶回流和塔底吹汽的条件下对生成油进行精馏，从塔顶分馏出沸点较低的产品汽油；从塔底馏出沸点较重的尾油；塔中间抽出得到侧线产品即煤油、柴油。

【任务实施】

一、熟悉分馏部分原则工艺流程

熟悉分馏部分原则工艺流程，找出控制点的位置并画出控制回路。

二、分析分馏操作影响因素，确定操作条件

分馏塔的操作是分馏部分最重要的操作环节，对全装置的平稳操作起着重要的作用，并掌握着主要产品的质量控制。影响产品分离的操作参数包括有闪蒸段温度、塔操作压力、过汽化量、汽提蒸汽量、侧线回流取热和侧线汽提塔的操作，掌握好分馏塔的物料平衡、热量平衡及塔内的气、液相分布是分馏操作的关键。分馏塔的操作应该做到平稳，减少波动；在正常操作中应稳定塔顶压力、塔顶温度、塔底液面及中段回流量，以侧线抽出量来调整产品质量。

三、加氢反应产物分馏操作

1. 学习分馏部分操作原则

① 严格执行本岗位的工艺操作指标，并保证主汽提塔、分馏塔、轻柴汽提塔、航煤汽提塔脱丁烷塔的正常生产。

② 负责本岗位的开、停工及事故处理，根据产品质量指标的要求，分离出质量合格的液态烃、石脑油、航煤、柴油等产品。

③ 负责分馏的换热器、水冷却器和空冷器等设备的正常运转，确保分馏塔进料加热炉的安全平稳运行，做好设备和工艺管线的日常维护工作，并做好本岗位的交接班和原始记录。

④ 分馏操作对全装置的平稳操作起着重要的作用并掌握着主要产品的质量控制，主要

把握两条原则：物料平衡和热量平衡的原则；在稳定物料平衡的基础上，调节塔的热量供给和热量分布，确保产品的合格。

⑤ 定性参数不轻易改变，用定量参数调节的原则。在操作中要区别什么是定性参数（P、T），什么是定量参数（F），尽量保持定性参数不变，通过调节定量参数来调节产品质量。

⑥ 重点控制好压力、塔顶温度、回流温度、回流量、侧线抽出量、进料温度、塔底温度等重要参数指标，要细调勤调，保持操作稳定。

2. 岗位正常操作

① 根据操作原则，总结归纳出操作要点。加氢反应产物分馏操作工艺参数的控制与调节见表4-3。

表 4-3　加氢反应产物分馏操作工艺参数的控制与调节

序号	控制内容	控制手段	调节方法
1	塔顶温度	塔顶回流流量、航煤抽出温度、塔底温度、塔进料温度、塔压力	通过调整顶循环回流量来控制塔顶温度，正常操作时，主汽提塔塔顶温度与顶循环回流控制阀进行串级控制，当塔顶温度低于设定时，顶循环回流控制阀关小，降低回流量，提高塔顶温度；当塔顶温度高于设定时，顶循环回流控制阀开大，增大回流量，降低塔顶温度，从而实现主汽提塔塔顶温度的控制
2	塔进料温度	炉的燃料气压力、分馏塔进料出换热器的温度	通过调节瓦斯火嘴前的压控阀来调节燃烧的瓦斯量，从而控制出炉温度。正常操作时，出炉温度控制阀与瓦斯火嘴压控阀进行串级控制，当塔进料温度高于设定时，压控阀关小，降低瓦斯流量，降低出炉温度；当塔进料温度低于设定时，压控阀开大，增大瓦斯流量，提高出炉温度，从而达到出炉温度的自动控制
3	塔底液位	未转化油循环流量、塔进料流量、中段回流温度、塔顶温度、塔顶压力、塔顶回流量	通过调整分馏塔塔底未转化油出装置流量来控制塔的液面，正常操作时，分馏塔塔底液控阀与未转化油流控阀进行串级控制，当分馏塔塔底液低于设定时，液控阀关小，提高塔底液面；当分馏塔塔底液高于设定时，液控阀开大，降低塔底液面，从而实现分馏塔塔底液面的控制。
4	塔顶压力	塔顶空冷器冷后温度、塔进料温度、塔顶温度	通过控制回流罐的压力，间接控制塔顶压力。正常调节时，通过压控调节器分程控制，压力低于设定值时，调节器的输出信号在 0～50%，打开控制阀用燃料气补压，提高压力；当压力高于设定值时，调节器的输出信号在 50%～100%，打开控制阀向火炬排气，降低压力；当压力等于设定值时，调节器的输出信号在 50%，两个控制全关

② 操作参数调节。按操作要领在加氢裂化仿真软件分馏部分（图4-8）仿真软件上调节相关参数，注意各参数间的联系。

【归纳总结】

读懂加氢分馏部分工艺带控制点工艺流程，找出控制点的位置，熟悉控制方式并画出控制回路；会调节控制塔顶温度、塔进料温度、塔顶压力和液位。

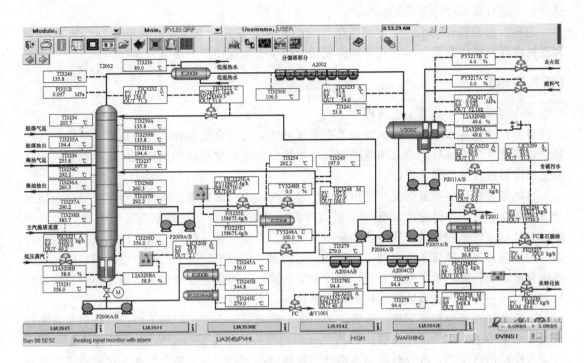

图 4-8　分馏系统仿真控制流程

【拓展训练】

加氢裂化分馏部分异常处理调节（仿真操作）。

任务 4　加氢裂化装置仿真操作

【任务介绍】

十二名石油化工生产技术专业大三学生经过加氢工艺流程和主要岗位操作的学习和训练以后，指导老师告诉他们可以进行加氢装置冷态开车的仿真操作。老师对于装置仿真操作的学习训练，给同学们指出了以下学习要点：

① 熟悉装置的工艺流程；
② 清楚操作工艺指标；
③ 岗位正常操作的调节控制法；
④ 装置冷态开车操作规程。

知识目标：熟悉仿真软件上 DCS 和现场流程画面；熟悉冷态开车操作方法。

能力目标：能依照操作规程，在装置仿真软件上进行装置的冷态开车操作。

【任务分析】

装置的冷态开车仿真操作，是模拟现场训练操作工的一种非常有效的学习训练方法。通过仿真操作的训练，使新上岗的操作工能缩短上岗以后的学习时间，能很快独立顶岗。

工艺流程和操作参数是顺利进行装置冷态开车的基础。因此，只有在熟悉工艺流程的前提下方可进行装置的冷态开车操作。

老师给同学们设计了一个仿真操作实施的具体方案：熟悉装置总貌图程→装置的 DCS 和现场流程→操作参数→冷态开车操作规程及岗位正常操作法→冷态开车操作。

【任务实施】

一、训练准备：熟悉工艺流程

自原料油缓冲罐来的原料油经加氢进料泵升压，与混合氢混合后经换热器、反应进料加热炉加热至反应温度后，进入加氢精制反应器进行加氢精制反应。精制反应流出物进入加氢裂化反应器进行加氢裂化反应。

自加氢裂化反应器来的反应流出物依次经换热，进入热高压分离器进行气液分离。热高分气经热换热后，再经过冷却至 50℃进入冷高压分离器。为了防比热高分气在冷却过程中析出铵盐堵塞管路和设备，通过注水泵将除氧水注入换热器及热高分气空冷器上游管线。冷却后的热高分气在冷高压分离器中进行油、气、水三相分离。顶部出来的循环氢经循环氢分液罐分液，进行循环氢压缩机升压，然后分成两路：一路作为急冷氢去反应器控制反应器床层温度，另一路与来自新氢压缩机出口的新氢混合成为混合氢。

冷高分油在液位控制下进入冷低压分离器。热高分油在液位控制下经加氢进料泵液力透平回收能量后进入热低压分离器。热低分气经热低分气空冷器冷却到 50℃后与冷高分油混合进入冷低压分离器。冷低分油与热高分气换热后再与热低分油混合后进入主汽提塔。冷高压分离器、冷低压分离器底部排出的酸性水及分馏部分排出的酸性水合开，经含硫污水闪蒸罐脱气后送至装置外。冷低分气至装置外脱硫。

自装置外来的新氢进入新氢压缩机入口分液罐分液后，经新氢压缩机三极升压后与循环氢压缩机的出口的循环氢混合成为混合氢。混合氢经过换热后与原料油混合。

自反应部分来的冷、热低分油混合后进入主汽提塔，塔顶气经主汽提塔顶空冷器冷却至 40℃后进入主汽提塔塔顶回流罐进行油、水、气三相分离，塔顶干气在压力控制下至装置外脱硫，油相一部分经主汽提塔塔间流泵升压后作为主汽提塔回流；另一部分经脱丁烷塔进料泵升压，再经过换热后作为脱丁烷塔的进料；分水排出的含硫污水送装段外脱硫。

主汽提塔底液经分馏塔进料泵升压，经过换热后，再经分馏塔进料加热炉加热到 384℃后进入分馏塔第 7 块塔盘。分馏塔塔顶气经分馏塔塔顶低温热水加热器、分馏塔塔顶空冷器冷却、冷凝至 55℃进入分馏塔顶回流罐，液相一部分经重石脑油泵升压，重石脑油冷却器冷却后送出装置；另一部分经分馏塔回流泵升压作为回流。含油污水经分馏烷塔顶凝结水泵升压后至反应系统，作为反应注水回用。塔底油经未转化油泵升压、换热后，循环到反应部分原料油缓冲罐。

航煤侧线汽提塔，塔底热量由重沸器提供，热源为未转化油；塔底航煤产品经航煤泵升压后，经冷却后出装置。

柴油侧线汽提塔，塔底采用水蒸气汽提；塔底产品由柴油泵升压后，经冷却脱水后出装置。

分馏塔设中段回流，中段回流经分馏塔中段同流泵升压后，经中段油蒸汽发生器发生 1.0MPa 蒸汽后返回分馏塔。

脱丁烷塔进料经换热后，进入脱丁烷塔第 20 块塔盘。塔顶气经脱丁烷塔顶空冷器冷却至 40℃后进入脱丁烷塔顶回流罐进行分离，塔顶干气与汽提塔顶气一起至装置外脱硫；液相一部分经脱丁烷塔顶回流泵升压后作为脱丁烷塔回流，另一部分作为液化气出装置。塔底轻石脑油经冷却后出装置。

二、上机操作

① 引入公用工程；

② 分馏系统回流；

③ 反应系统氮气置换；

④ 反应系统氢气气密、急冷氢及紧急泄压试验；

⑤ 催化剂硫化；

⑥ 引入设计进料、调整操作至产品合格。

【考核评价】

以计算机评价系统评分为准。

【归纳总结】

熟悉工艺流程和操作规程、操作工艺指标，在装置仿真软件上完成冷态开车操作。

重整汽油的生产

【学习情境描述】

催化重整是以石脑油为原料，在催化剂的作用下，烃类分子重新排列成新分子结构的工艺过程。其主要目的：

① 生产高辛烷值汽油组分；

② 为化纤、橡胶、塑料和精细化工提供原料（苯、甲苯、二甲苯，简称 BTX 等芳烃）。

除此之外，催化重整过程还生产化工过程所需的溶剂、油品加氢所需高纯度廉价氢气（75%～95%）和民用燃料液化气等副产品。

催化重整由于其特殊的产品结构及性能，使其在炼油行业和石油化工行业占有特殊的地位。以生产芳烃为目的的重整装置主要由原料预处理、重整反应、芳烃抽提和芳烃精馏四部分构成，因此，重整生产车间主要岗位有预处理岗、重整反应岗、芳烃抽提岗、芳烃精馏岗。通过此学习情境，学习者应在熟悉流程的基础上，能在催化重整装置的仿真软件上完成装置的开、停工及岗位的正常调节控制和异常处理操作。

任务 1　认识重整装置和流程

【任务介绍】

小孙是石化高职院石油化工生产技术专业的毕业生，毕业后分到某石化公司重整车间，经过一个月的岗前培训来到车间报道。车间主任安排孔师傅教他上岗知识，孔师傅告诉他，你想成为一名合格的重整操作工必须先熟悉流程。孔师傅对于流程的学习，给小孙指出了学习要点：

① 清楚所加工原料油的性质；

② 熟悉重整产物；

③ 知道此工艺涉及的单元操作及对应的设备；

④ 装置由哪几部分组成；

⑤ 看懂原则流程；

⑥ 最后能画出原则流程框图并能识读带控制点的工艺流程。

知识目标：了解催化重整装置组成及各部分的任务；了解重整原料的来源及产品的特点。

能力目标：能识读催化重整装置的工艺原则流程并绘制其框图。

【任务分析】

工艺流程是掌握各种加工过程的基础，作为合格的燃料油生产工，只有在熟悉工艺流程的基础上才可以进行装置的操作、条件的优化，才能生产出高质量的产品。

孔师傅根据自己的实际工作经验，给小孙设计了一个学习流程的具体方案：认识装置→认识流程→识读流程→绘制原则流程框图。

【相关知识】

一、生产装置组成与工艺流程

1. 生产装置组成

催化重整过程（图 5-1）可生产高辛烷值汽油，也可生产芳烃。生产目的不同，装置构成也不同。

以生产高辛烷值汽油为目的重整过程主要由原料预处理、重整反应和反应产物分离三部分构成。以生产芳烃为目的的重整过程主要由原料预处理、重整反应、芳烃抽提和芳烃精馏四部分构成。

图 5-1　催化重整生产装置

2. 工艺流程

（1）原料预处理与重整反应部分（图 5-2）　由原料缓冲罐来的石脑油经预加氢分馏塔进料换热器换热向预加氢分馏塔进料。塔顶气经过分馏塔空冷器和水冷器冷却后进入分馏塔顶回流罐。干气通过压控排入燃料气管网，压力不足则补入氢气。罐底液的一部分作为回流通过塔顶回流泵打回预分馏塔塔顶，另一部分分液体即 C_5 组分去脱丁烷。塔底液分成两部分：一部分送分馏塔低重沸炉强制循环加热后返回预分馏塔；另一部分经泵升压后和重整氢混合，再与反应产物换热进入加热炉加热后进入预加氢反应器。在预加氢催化剂的作用下，石脑油中的有机杂质及不饱和烃进行加氢反应，反应生成的金属杂质吸附在催化剂上。反应产物经换热，冷却后进入油气分离器，进行气体、液态烃和水分离。含氢气体从分离器顶出，分离器底液体靠自压经预加氢汽提塔进料换热器向汽提塔进料，轻馏分 H_2S、NH_3、H_2O 等被汽提至塔顶排出，经塔顶空冷器和水冷器进一步冷凝，进入汽提塔回流罐，在此进行油、气、水三相分离。气体送至燃料气系统或去放空总管，油相根据液位调节串级的流量调节器经汽提塔顶回流泵送回塔顶，水收集于分水包内手动排出。汽提塔底液分成两部分：一部分送汽提塔底重沸炉进行强制循环加热；另一部分经换热后去重整反应器。为防止汽提塔管线腐蚀，注入缓蚀剂。

重整原料油经泵与循环氢混合后进入重整原料换热器——立式换热器，与反应产物换热至 430～450℃ 进入重整原料预热炉加热到 500～545℃，由上部进入到第一个反应器与催化

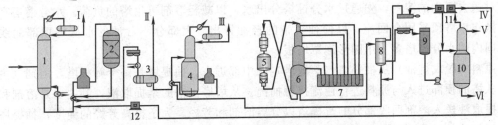

图 5-2　原料预处理与重整反应原理流程

1—预分馏塔；2—预加氢反应器；3—产物分离器；4—汽提塔；5—再生器；6—反应器；

7—加热炉；8—进料换热器；9—冷冻回收；10—脱戊烷塔；11—增压机；12—循氢机；

Ⅰ—拔头油；Ⅱ—含 H_2 气体；Ⅲ—燃料气；Ⅳ—氢气；Ⅴ—液化气；Ⅵ—脱戊烷油

剂接触、反应。反应产物和未反应原料由于转化吸热而降温至 430℃ 左右离开第一个反应器，再进入中间加热炉加热至 500～540℃。进入下一个反应器与上部反应器移动下来的催化剂接触，并进行新的重整反应。以此类推，由最后一个反应器出来的反应产物经过换热、空冷和水冷进入气-液分离罐。再生催化剂则进入再生系统进行再生，回复催化剂活性。

分离器顶部出来的富氢气体经压缩机增压，进入高压分离器，可进一步通过再接触罐和吸收塔进行氢气和烃类分离。分离器底部液体和吸收剂混合进入稳定塔。

（2）芳烃抽提与芳烃精馏部分（图 5-3）　由抽提塔底来的提取液经换热后进入汽提塔顶部。在闪蒸段，提取液中的轻质非芳烃、部分芳烃和水因减压闪蒸出去，余下的液体流入抽提蒸馏段。抽提蒸馏段顶部引出的芳烃也还含有少量非芳烃（主要是 C_6），这部分芳烃与闪蒸产物混合经冷凝并分去水分后作为回流芳烃返回抽提塔下部。产品芳烃由抽提蒸馏段上部以气相引出，冷凝后分出的水即可作为汽提塔的中段回流，也可换热作为汽提蒸汽。

由抽提塔底来的提取液经换热后进入汽提塔顶部。在闪蒸段，提取液中的轻质非芳烃、部分芳烃和水因减压闪蒸出去，余下的液体流入抽提蒸馏段。抽提蒸馏段顶部引出的芳烃也还含有少量非芳烃（主要是 C_6），这部分芳烃与闪蒸产物混合经冷凝并分去水分后作为回流芳烃返回抽提塔下部。产品芳烃由抽提蒸馏段上部以气相引出，冷凝后分出的水即可作为汽提塔的中段回流，也可换热作为汽提蒸汽。

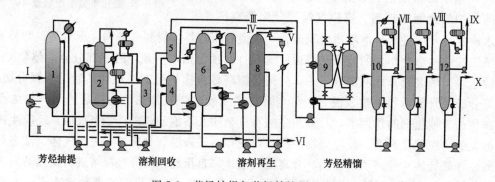

图 5-3　芳烃抽提与芳烃精馏原理流程

1—抽提塔；2—汽提塔；3—水罐；4—非芳烃水洗塔；5—芳烃水洗塔；6—水分馏塔；
7—水分馏塔回流罐；8—再生塔；9—白土塔；10—苯塔；11—甲苯塔；12—二甲苯塔；
Ⅰ—脱戊烷油；Ⅱ—回流芳烃；Ⅲ—混和芳烃；Ⅳ—非芳烃；Ⅴ—蒸汽；Ⅵ—废溶剂；
Ⅶ—苯；Ⅷ—甲苯；Ⅸ—二甲苯；Ⅹ—重芳烃

芳烃水洗塔的用水量一般约为芳烃量的 30%。这部分水是循环使用的，其循环路线为：水分馏塔→芳烃水洗塔→非芳烃水洗塔→水分馏塔。

对送去再生的溶剂，先通过水分馏塔分出水，以减轻溶剂再生塔的负荷。水分馏塔在常压下操作，塔顶采用全回流，以便使夹带的轻油排出。大部分不含油的水从塔顶部侧线抽出。国内的水分馏塔多采用圆形泡罩塔板。

原料（脱戊烷油）从抽提塔（萃取塔）的中部进入。抽提塔是一个筛板塔，溶剂（主溶剂）从塔的顶部进入与原料进行逆流接触抽提。从塔底出来的是提取液，其主要是溶剂和芳烃，提取液送入溶剂回收部分的汽提塔以分离溶剂和芳烃。为了提高芳烃的纯度，抽提塔底打入经加热的回流芳烃。

溶剂回收部分的任务是：从提取液、提余液和水中回收溶剂并使之循环使用。

二甘醇在使用过程中由于高温及氧化会生成大分子的叠合物和有机酸，导致堵塞和腐蚀设备，并降低溶剂的使用性能。为保证溶剂的质量，一方面要注意经常加入单乙醇胺以中和生成的有机酸，使溶剂的 pH 值经常维持在 7.5～8.0；另一方面要经常从汽提塔底抽出的贫溶剂中引出一部分溶剂去再生。再生是采用蒸馏的方法将溶剂和大分子叠合物分离。因二甘醇的常压沸点是 245℃，已超出其分解温度 164℃，必须用减压（约 0.0025MPa）蒸馏。

减压蒸馏在减压再生塔中进行。塔顶抽真空，塔中部抽出再生溶剂，一部分作塔顶回流，余下的送回抽提系统，已氧化变质的溶剂因沸点较高而留在塔底，用泵抽出后与进料一起返回塔内，经一定时间后从塔内可部分地排出老化变质溶剂。

芳烃精馏的工艺流程有两种类型，一种是三塔流程，用来生产苯、甲苯、混合二甲苯和重芳烃，另一种是五塔流程，用来生产苯、甲苯、邻二甲苯、乙基苯和重芳烃。

混合芳烃先换热再加热后进入白土塔，通过白土吸附以除去其中的不饱和烃，从白土塔出来的混合物温度在 90℃左右，而后进入苯塔中部，塔底物料在重沸器内用热载体加热到 130～135℃，塔顶产物经冷凝器冷却至 40℃左右进入回流罐。经沉降脱水后，打至苯塔顶作回流，苯产品是从塔侧线抽出，经换热冷却后进入成品罐。

苯塔底芳烃用泵抽出打至甲苯塔中部，塔底物料由重沸器用热载体加热至 155℃左右，甲苯塔顶馏出的甲苯经冷凝冷却后进入甲苯回流罐。一部分作甲苯塔顶回流，另一部分去甲苯成品罐。

甲苯塔底芳烃用泵抽出后，打至二甲苯塔中部，塔底芳烃由重沸器热载体加热，控制塔的第八层温度为 160℃左右，塔顶馏出的二甲苯经冷凝冷却后，进入二甲苯回流罐，一部分作二甲苯塔顶回流，另一部分去二甲苯成品罐。塔底重芳烃经冷却后入混合汽油线。

二、原料性质分析与评价

1. 原料的来源与性质

（1）重整原料的来源　催化重整主要是加工常减压装置得到的低辛烷值汽油，还加工低辛烷值的热加工汽油；有些炼厂甚至将催化裂化汽油送到催化重整装置进行处理，以期提高炼油厂汽油的辛烷值。以生产芳烃为目的催化重整装置，其原料除上述来源外，主要加工加氢裂化汽油。

（2）重整原料的组成和性质　直馏汽油，包括常减压装置的蒸顶汽油和常顶汽油两部分。各种不同原油蒸馏得到的汽油组成和性质有很大差别。热裂化、焦化和减黏裂化等热加工方法得到的汽油某些杂质（如硫或氮）和烯烃含量高，作重整原料时都必须进行处理。催化裂化虽有催化剂存在，但不能（或很少）发生加氢饱和反应，因而得到的催化裂化汽油质量不好。催化裂化汽油进行重整时也要进行预处理。

加氢裂化过程是在很高的氢压 14.7～19.6MPa 和较高的压力 5.9～14.7MPa 下借助于催化剂作用，使常三、减二蜡油，或者焦化蜡油转化成轻质石油产品，其中加氢裂化汽油产率 5%～20% 作为重整原料，加氢裂化汽油最大特点是杂质含量低，因此，通常可不经加氢预精制，只做某些补充精制（如吸附脱硫）就可作重整原料。

2. 重整原料的选择

重整原料好坏的重要指标之一是芳烃潜含量，或芳烃指数 $N+2A$ 值：N 为环烷烃含量，A 为芳烃含量。盘锦油的芳烃潜含量最高，其次是大港油和中原油，最低的是大庆油，中原油的环烷烃含量虽不高，但芳烃含量很高，因此它的芳烃指数高达 70% 甚至比盘锦油还要高。另外，胜利减压蜡油加氢裂化得到的轻馏分，其芳烃潜含量和芳烃指数也很高，也是重整生产芳烃的好原料；但大庆减压蜡油加氢裂化得到的轻馏分油由于其环烷烃和芳烃含量均低，对重整生产芳烃来说，不是好原料。欲提高企业的经济效益，就必须选用最优质的汽油馏分做重整装置的原料。

3. 原料馏程的选取

对生产 $C_6 \sim C_8$ 芳烃来说，实沸点馏程取 70~145℃ 范围；如生产苯-甲苯，可取 70~105℃；如生产二甲苯，可取 105~145℃。这是一般的原则，在实际生产中必须严格控制预分馏塔操作，将不能转化为芳烃的 C_5 烃和难以转化为芳烃的 C_6 烷烃蒸出。因为比较缓和的重整操作条件，C_6 烷烃不易脱氢环化生成芳烃，所以在重整进料中，最好尽量不含有己烷，这样对催化重整提高液收、增加氢气产量和纯度、以降低能耗都是有利的。制取芳烃时的原料油初馏点，控制在 75~85 为宜。如果要增产 C_8 芳烃，在有条件的炼厂，可将重整进料的终馏点扩大到 145~160℃。生产高辛烷值汽油时实沸点馏程通常为 80~180℃。

4. 重整装置对杂质的要求

现代双（多）金属重整催化剂，对于原料中的杂质有严格的要求。例如，某装置使用 3861-Pt-Sn 重整催化剂对重整原料杂质的控制指标：砷（As）≤1μg/kg；铜（Cu）≤15μg/kg；硫（S）≤0.5μg/g；氮（N）≤1μg/g。

由上述可以看到，各种不同来源的重整原料，都会有很高的杂质，如硫、砷及其他杂质。

这些杂质通常在原料加氢预精系统脱除，但是砷比较特殊。

砷，不仅是各种重整催化剂的最大"杀手"，而且也是各类加氢预精制催化剂的重要毒物，我国某些原油的重整料砷含量相当高（如大庆直馏汽油），因此，必须在原料加氢预精制之前，把砷含量降到较低程度，通常要求进入加氢预精制的原料含砷≤30μg/kg。

5. 重整原料油的评价

在重整过程中，芳构化反应速率有差异，其中环烷烃的芳构化反应速率快，对目的产物芳烃收率贡献也大。烷烃的芳构化速率较慢，在重整条件下难以转化为芳烃。因此，环烷烃含量高的原料不仅在重整时可以得到较高的芳烃产率和氢气产率，而且可以采用较大的空速，催化剂积炭少，运转周期较长。一般以芳烃潜含量表示重整原料的族组成。芳烃潜含量越高，重整原料的族组成越理想。

芳烃潜含量是指将重整原料中的环烷烃全部转化为芳烃的芳烃量与原料中原有芳烃量之和占原料百分数（%，质量分数）。其计算方法如下：

$$芳烃潜含量(\%) = 苯潜含量 + 甲苯潜含量 + C_8 芳烃潜含量$$
$$苯潜含量(\%) = C_6 环烷(\%) \times 78/84 + 苯(\%)$$
$$甲苯潜含量(\%) = C_7 环烷(\%) \times 92/98 + 甲苯(\%)$$
$$C_8 芳烃潜含量(\%) = C_8 环烷(\%) \times 106/112 + C_8 芳烃(\%)$$

式中，78、84、92、98、106、112 分别为苯、六碳环烷、甲苯、七碳环烷、八碳芳烃和八碳环烷的相对分子质量。

重整生成油中的实际芳烃含量与原料的芳烃潜含量之比称为"芳烃转化率"或"重整转化率"。

$$重整芳烃转化率(\%,质量分数) = 芳烃产率(\%,质量分数)/芳烃潜含量(\%,质量分数)$$

实际上，上式的定义不是很准确。因为在芳烃产率中包含了原料中原有的芳烃和由环烷烃及烷烃转化生成的芳烃。其中原有的芳烃并没有经过芳构化反应。此外，在铂重整中，原料中的烷烃极少转化为芳烃，而且环烷烃也不会全部转化成芳烃，故重整转化率一般都小于 100%。但铂铼重整及其他双金属或多金属重整，由于促进了烷烃的环化脱氢反应，使得重整转化率经常大于 100%。

【任务实施】

一、上现场认识生产装置

① 要先弄清楚生产装置包括原料预处理系统、重整反应系统、芳烃抽提和芳烃精馏系统四道工序，然后对此四部分——认识。

② 熟悉每道工序主体设备的名称、作用。

二、认识流程

① 熟悉预处理系统流程：找到原料油泵、炉子、反应器、汽提塔、分馏塔的进口与出口及换热器管、壳程；弄清装置重整原料的来源。

② 熟悉重整反应系统流程：找到加热炉的进出口位置；反应器进出口位置；再生器进出口位置；弄清重整反应产物的去向。

③ 熟悉芳烃抽提系统流程：弄清抽提、溶剂回收和溶剂再生这三部分任务；找到各塔的进出口位置。

④ 熟悉芳烃精馏系统流程：弄清三个塔的任务；找到各塔的进出口位置。

⑤ 按箭头所示熟悉流程（见图5-4、图5-5）。

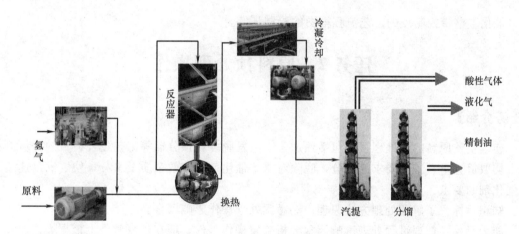

图 5-4　预处理部分

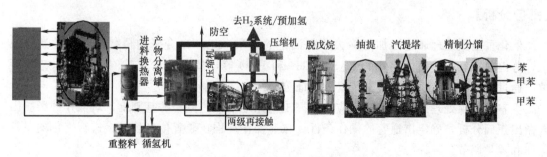

图 5-5　反应、抽提、精馏部分

三、识读原则流程

认识重整装置和流程，能够看着流程叙述工艺过程。

四、绘制原则流程框图

先画主要设备，摆好位置，然后再连线，完成工艺流程框图（见图5-6）。

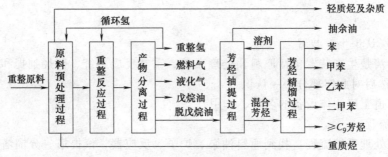

图 5-6　催化重整工艺流程框图

【归纳总结】

催化重整装置由原料预处理、重整反应、芳烃抽提和芳烃精馏四部分组成，每部分完成的任务；装置的主体设备的名称及作用；流程框图的绘制。

【拓展训练】

催化重整带控制点的工艺流程框图的绘制训练。

任务 2　原料预处理操作

【任务介绍】

连续重整原料的预处理系统包括预加氢、蒸发脱水和预分馏等工艺过程。目的是从原料油中切取适宜重整工艺要求的馏分，脱除对重整催化剂有害的杂质及水分，使之满足连续重整催化剂的要求。

知识目标：了解预处理方法原理；熟悉预处理操作影响因素。

能力目标：能通过预处理影响因素分析确定操作条件；能在仿真软件上依据操作规程处理异常现象和进行正常调节。

【任务分析】

催化重整预处理通过预加氢除去原料油中的杂质，生产出合格的精制油；通过汽提脱水，分出预加氢生成油中溶解的 H_2S、NH_3 和 H_2O 等，从而满足重整催化剂对原料的要求；通过预分馏切取适宜重整工艺要求的馏分。

重整原料预处理操作的完成，应在掌握工艺原理和工艺流程的基础上，对操作的影响因素做出正确分析，确定出适宜的操作条件。按照操作规程在装置仿真软件上进行岗位的正常操作和异常调节。

【相关知识】

连续重整原料的预处理系统包括预加氢、蒸发脱水和预分馏等工艺过程。

一、预加氢

预加氢的作用是脱除原料油中对催化剂有害的杂质，使杂质含量达到限制要求。同时也使烯烃饱和以减少催化剂的积炭，从而延长运转周期。原理是在催化剂和氢气的作用下，使原料油中含硫、氮、氧等化合物进行加氢分解，转化生成 H_2S、NH_3 和 H_2O，然后经高压分离器和蒸发脱水塔除去 H_2S、NH_3 和 H_2O；烯烃经加氢生成饱和烃；砷、铜、铅等金属化合物经加氢分解后，砷、铜、铅等金属被催化剂吸附而除去。

预加氢采用 Mo-Co-Ni 系催化剂，型号为 DN-200。预加氢反应温度 270～340℃，压力 2.5～3.0MPa，氢油体积比 100～200，体积空速 3～7h^{-1}。在反应过程中，催化剂因表面逐渐积炭和受有害杂质的影响，活性逐渐下降。因积炭而减活的预加氢催化剂停工时可采用空气水蒸气或空气惰性气再生，一般采用后者。

二、重整原料的汽提脱水

预加氢反应器出来的油气混合物经冷却后在高压分离器中进行气液分离，分出预加氢生成油中溶解的 H_2S、NH_3 和 H_2O 等。分离出气体后的预加氢生成油经换热后进入汽提塔。塔底油强制循环，并由重沸炉将循环油加热至全部汽化返回塔内。汽提塔在 1.25MPa 左右压力下操作。塔顶产物是水和油的轻组分，经冷凝器冷却后在回流罐中分成油和水两相，油相全部作塔顶回流，以保证塔顶的适宜温度和顺利蒸出水，水层排出。

三、预分馏

预分馏的作用是根据重整生产目的要求切割一定范围的馏分。连续重整适宜的馏程是 80～180℃。原料油的终馏点由常减压等装置控制。预分馏则从塔顶拔出轻组分，塔底油做重整原料，并保证初馏点在规定的范围内。

【任务实施】

一、熟悉预处理部分工艺流程

熟悉预处理部分工艺流程，在原则流程（图 5-7）上确定控制点位置，画出控制回路。

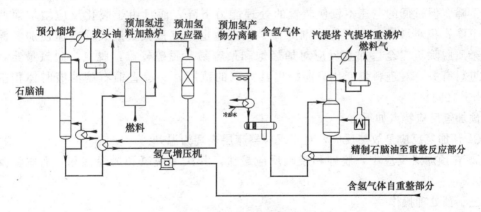

图 5-7　预处理部分原则流程

二、分析预处理操作影响因素，确定操作条件

1. 反应温度

反应温度是调节预加氢生成油质量的主要手段，温度低则不能保证加氢深度和达到脱除杂质的要求。提高温度虽然对除去杂质及烯烃饱和有利，但过高的反应温度对除去杂质无明显影响，反而促使裂解反应加剧，使催化剂积炭加剧而降低活性及使用寿命，也使能耗增加。

实际操作中，在预加氢生成油质量符合指标要求的前提下，反应温度应尽量低一些。装置运转到后期，由于催化剂活性降低，催化剂精制效果变差时，反应温度可根据情况适当提高一些。

2. 反应压力

提高反应压力将促进加氢反应，增加精制深度，有利于杂质的脱除（尤其是对脱氮），并可保持催化剂的活性。同时可以减少催化剂上的积炭，延长催化剂的使用寿命。但是预加氢压力受往复机出口压力的限制，不能超过往复机出口额定压力。另外压力过高会促进加氢裂解反应，使产品总液收下降，同时过高的反应压力会增加投资及运转费用，原料中杂质含量（硫、氮、卤化物）越高，设计压力也越高。

3. 氢烃比

氢烃比指的是标准状态下，氢气流量与进料量的比值，一般用体积比。可用 H/HC 表示。加氢反应是耗氢反应，最小氢烃比是以氢消耗、原料结焦趋势和产品质量要求为基础的。提高氢烃比，不仅有利于加氢反应的进行，还能减少结焦，起到保护催化剂的作用。但是，在原料油进料一定的情况下，氢烃比过大会减少原料油与催化剂的接触时间，反而对加氢反应不利，导致精制油产品质量下降，同时也增大了系统压力和压缩机负荷，操作费用增加，不宜采用。

不同的进料采用不同的氢烃比，在操作中可根据进料中杂质含量的变化适当改变氢烃比，以获得满意的反应效果。有时低的氢烃比可通过适当提高反应器入口温度来补偿。

4. 空速

空速指单位催化剂在单位时间内处理的原料量，单位为 h^{-1}，分为质量空速和体积空速，常用的是体积空速 LHSV（液时空速），它的倒数相当于反应接触时间，称为假接触时间。因此，空速的高低，意味着反应物料与催化剂接触时间的长短。

降低空速意味着增加原料油同催化剂的接触时间，可使加氢深度增加，精制油杂质含量下降。但过低的空速不仅使装置的处理能力下降，而且由于裂化反应增加而使液体收率下降，积炭增加，缩短催化剂寿命。但空速也不宜过大，过大的空速使加氢深度降低，杂质脱除不完全。加氢反应对烯烃饱和最容易，脱硫较难，脱氮、脱氧最难，因空速与进料有关，对进料量变化只能指出其大致的范围。一般直馏石脑油液时体积空速在 $3 \sim 7 h^{-1}$ 之间。

预加氢反应特点如下。

① 预加氢反应是放热反应，对于反应器床层表现为温升。

② 在预加氢反应中，脱砷和脱硫反应最快，其次为脱氧和烯烃饱和，而脱氮反应则最慢。

三、预处理操作

1. 学习操作原则

① 本单元临氢、高温、高压、有毒、易燃、易爆，操作大幅波动随时可能发生意外事故，所以要求平稳操作，避免引发事故。

② 操作调整，要及时、全面了解情况，冷静分析，准确判断，有效迅速处理，尤其要预测事故发生的后果及其蔓延趋势，关键时刻要胆大心细，当机立断。

③ 一旦发生事故，要实现"三保"，即保人身安全、保护好设备、保护好催化剂，要将装置的事故状态尽快恢复到正常操作状态或过渡到正常停工状态。

④ 操作中要做到不跑油、不漏油、不串油、不串压、不超温、不冒罐，控制好温度和

压力以及升降速度，尤其是避免催化剂的超温烧结及中毒。

⑤ 不准随便排放油气，严防发生着火、爆炸事故。

⑥ 加热炉区出现可燃气体大量泄漏或发生火灾后，应立即切断瓦斯，熄火。

当正常操作的安全模式被预料不到的故障或事件打断时，需要采取紧急步骤来消除潜在危险，如果在受限制的基础上继续操作不通，则装置务必完全停工。

2. 岗位正常操作

① 根据操作原则，总结归纳出操作要点。预处理操作参数的控制与调节见表 5-1。

表 5-1　预处理操作参数的控制与调节

序号	控制内容	影 响 因 素	调 节 方 法
1	预加氢反应温度	①燃料气系统压力； ②瓦斯带水； ③进料量； ④仪表失灵； ⑤原料带水； ⑥混氢流量	①联系调度，调整燃料气压力； ②瓦斯罐加强脱水； ③改变进料量； ④处理仪表故障； ⑤加强脱水，严重时可适当降量； ⑥检查氢压机是否发生故障
2	预加氢反应压力	①氢压机故障； ②气液分离罐温度； ③仪表失灵	①检查氢压机，改变循环氢流量； ②调节空冷、换热器，改变气液分离罐温度； ③处理仪表故障
3	汽提塔压力	①进料温度； ②塔顶回流量； ③汽提塔回流罐入口温度； ④塔底温度； ⑤仪表失灵	①调节进料温度； ②调节塔顶回流量； ③调节塔顶空冷器、水冷器，改变回流罐入口温度； ④调节塔底温度； ⑤处理仪表故障
4	汽提塔塔底温度	①燃料气系统压力； ②进料量； ③塔顶压力； ④回流量； ⑤仪表失灵	①联系调度，调节燃料气压力； ②调节进料量； ③调节塔顶压力； ④调节回流量； ⑤处理仪表故障
5	预分馏塔底温度	151～161℃	通过炉出口差压与瓦斯压力串级控制
6	预分馏塔顶压力	①进料温度； ②塔顶回流量； ③汽提塔回流罐入口温度； ④塔底温度； ⑤仪表失灵	①调节进料温度； ②调节塔顶回流量； ③调节塔顶空冷器、水冷器，改变回流罐入口温度； ④调节塔底温度； ⑤处理仪表故障

② 操作参数调节。按操作要领在催化重整仿真软件预处理部分（见图 5-8）上调节相关参数，注意各参数间的联系。

【归纳总结】

读懂重整原料预处理部分带控制点的工艺流程，找出控制点的位置；预处理的工艺原理；分析预处理操作影响因素，确定预处理的工艺条件；在正常操作过程中注意控制这些操作参数稳定。

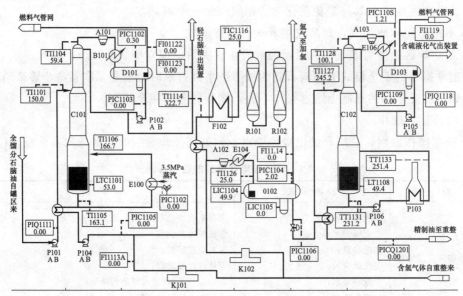

图 5-8　预处理仿真画面

任务 3　重整反应与操作

【任务介绍】

重整过程是一个化学反应过程，存在着多种化学反应。原料油在一定的操作条件下，由于催化剂的作用使其分子结构发生重新组合，从而最大限度地促进芳烃的生成和分子异构化达到制取芳烃或提高辛烷值的目的。

分析反应-再生操作的影响因素，控制反应温度、压力及氢油比、空速等操作参数，保证反应-再生系统平稳操作。

知识目标：了解重整发生的化学反应及其反应特点；熟悉重整催化剂的组成及使用性能；熟悉重整反应主要设备的特点；熟悉重整反应的影响因素。

能力目标：能通过反应影响因素分析确定反应条件；能在仿真软件上依据操作规程处理异常现象和进行正常调节。

【任务分析】

对于催化重整装置，反应-再生系统是装置的核心部分，这个系统操作是否平稳，对整个装置的影响极大。搞好平稳操作的关键在于控制好物料平衡、压力平衡和热量平衡。孔师傅针对反应岗操作，给小孙指出了学习要点：

① 能在原则流程上找出控制点的位置并能画出控制回路；

② 熟悉主体设备的组成、大体构造及作用；

③ 熟悉工艺条件；

④ 清楚岗位操作原则及工艺参数的控制手段和调节方法。

【相关知识】

在催化重整中发生一系列芳构化、异构化、裂化和生焦等复杂的平行和顺序反应。

一、芳构化反应

凡是生成芳烃的反应都可以叫芳构化反应。在重整条件下芳构化主要反应如下。

1. 六元环烷脱氢反应

六元环烷脱氢反应是由六元环烷脱 6 个氢原子，变成相应的芳烃的反应，例如：

$$\bigcirc \rightleftharpoons \bigcirc +3H_2$$

该反应提高了重整油的辛烷值和芳烃含量。是借助催化剂金属功能作用发生的，是各种重整反应中速率最快的一个化学反应，即使在很高的空速下，也能几乎定量完成。该反应是吸热量很大的反应，是造成床层温降的主要反应之一。该过程副产大量氢气，因此它也是重整副产氢的主要来源。

2. 五元环烷异构脱氢反应

五元环烷异构脱氢反应是一个复杂的反应，以甲基环戊烷为例，首先在金属功能作用下脱氢，再在酸性功能作用下异构成六元环，最后还得在金属功能作用下脱氢生成芳烃，例如：

$$\bigcirc\!-CH_3 \rightleftharpoons \bigcirc \rightleftharpoons \bigcirc +3H_2$$

这种反应对提高重整汽油辛烷值也有较大贡献（辛烷值增加 13.6），并且增加了产品的芳香度，为增产芳烃做了贡献。

该反应特点是需要在两种活性中心交替作用下才能完成，反应条件要求比较苛刻，酸性中心是整个反应的控制步骤，需要两种功能良好匹配才能取得最佳效果；双功能失调，对反应不利。该过程也是强吸热反应。

3. 烷烃环化脱氢反应

只有 C$_6$ 以上的烷烃环化才能生成五元以上环烷烃，经异构化或直接生成六元环，最后生成芳烃。例如：

$$n\text{-}C_6H_{14} \xrightarrow{-H_2} \bigcirc \rightleftharpoons \bigcirc +3H_2$$

芳构化反应的特点：

① 强吸热，其中相同碳原子烷烃环化脱氢吸热量最大，五元环烷烃异构脱氢吸热量最小，因此，实际生产过程中必须不断补充反应过程中所需的热量；

② 体积增大，因为都是脱氢反应，这样重整过程可生产高纯度的富产氢气；

③ 可逆，实际过程中可控制操作条件，提高芳烃产率。

对于芳构化反应，无论生产目的是芳烃还是高辛烷值汽油，这些反应都是有利的。尤其是正构烷烃的环化脱氢反应会使辛烷值大幅度地提高。这三类反应的反应速率是不同的：六元环烷的脱氢反应进行得很快，在工业条件下能达到化学平衡，是生产芳烃的最重要的反应；五元环烷的异构脱氢反应比六元环烷的脱氢反应慢很多，但大部分也能转化为芳烃；烷烃环化脱氢反应的速率较慢，在一般铂重整过程中，烷烃转化为芳烃的转化率很小。铂铼等双金属和多金属催化剂重整的芳烃转化率有很大的提高，主要原因是降低了反应压力和提高了反应速率。

二、异构化反应

例如：

$$n\text{-}C_7H_{16} \rightleftharpoons i\text{-}C_7H_{16}$$

在催化重整条件下，各种烃类都能发生异构化反应且是轻度的放热反应。异构化反应有利于五元环烷异构脱氢生成芳烃，提高芳烃产率。对于烷烃的异构化反应，虽然不能直接生成芳烃，但却能提高汽油辛烷值，并且由于异构烷烃较正构烷烃容易进行脱氢环化反应。因此，异构化反应对生产汽油和芳烃都有重要意义。

三、加氢裂化反应

该反应虽然也是一种改进汽油辛烷值的反应、将大分子烷烃裂解为低分子烃，浓缩了液体产品，提高了液体产品辛烷值和芳香度；但是，它使重整过程产氢量减少，氢纯度下降，液体产品收率降低；同时，由于该反应速率快，对烷烃脱氢环化极为不利，最后造成芳烃产率减少，并使催化选择性变差。例如：

$$n\text{-}C_7H_{16} + H_2 \longrightarrow n\text{-}C_3H_8 + i\text{-}C_4H_{10}$$

加氢裂化反应实际上是裂化、加氢、异构化综合进行的反应，也是中等程度的放热反应，产品中$<C_3$的小分子很少。反应结果生成较小的烃分子，而且在催化重整条件下的加氢裂化还包含有异构化反应，这些都有利于提高汽油辛烷值，但同时由于生成小于C_5气体烃，汽油产率下降，并且芳烃收率也下降，因此，加氢裂化反应要适当控制。

四、生焦反应

在重整条件下，烃类还可以发生叠合和缩合等分子增大的反应，最终缩合成焦炭，覆盖在催化剂表面，使其失活。因此，这类反应必须加以控制，工业上采用循环氢保护，一方面使容易缩合的烯烃饱和，另一方面抑制芳烃深度脱氢。

【任务实施】

一、熟悉重整反应系统工艺流程

熟悉重整反应系统工艺流程，在流程图（图 5-9）上找出控制点位置，画出控制回路。

二、熟悉反应设备，了解构造和作用

1. 反应器

重整反应器有两种基本形式：轴向反应器和径向反应器。

（1）轴向反应器（图 5-10） 物料自上而下轴向流动，反应器内部是一个空筒，结构比较简单。

（2）径向反应器（图 5-11） 物料进入反应器后分布到四周分气管内，然后径向流过催化剂层，从中心管流出，反应器内需要设置分气管、中心管、帽罩等内部构件，构造比较复杂。

2. 进料换热器

图 5-12 和图 5-13 分别列出了单管程立式换热器和焊接板式换热器。

3. 多流路四合一加热炉

重整反应炉被加热物流为循环氢气和油气，体积流率很大，既要有利于加热又要压力降小，因此存在着一个多流路炉管的设计问题，并联流路有时高达几十路，同时为了缩小占

地，减少投资，对于规模较大的重整装置，往往把四个加热炉联合在一起，成为一个四合一炉（图 5-14），炉管采用 U 形（集合管在上）或 Π 形（集合管在下）。

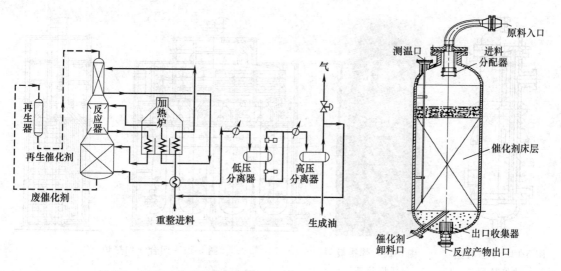

图 5-9　重整反应系统工艺流程

图 5-10　热壁轴向反应器

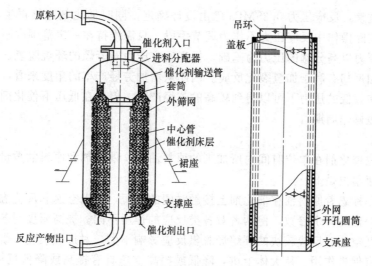

图 5-11　连续重整径向反应器

三、分析重整反应影响因素，确定操作条件

1. 温度

对于一个化学反应，温度是最重要的影响因素。重整催化剂床层温度是控制产品质量的重要参数，重整主要反应如环烷烃的脱氢和烷烃的环化脱氢都是吸热反应，所以无论从反应速率或是化学平衡的角度都希望采用较高的反应温度。但温度提高到 538℃ 以上时，环烷烃脱氢反应和烷烃的脱氢环化脱氢反应远不如烷烃和环烷烃的加氢裂解来得剧烈。结果生成油中芳烃含量可能有增加，但液收大幅度下降，最后得到的芳烃产率不一定增加，甚至还会下降，对重整原料的利用率很不经济。因此选择适当的反应温度，以达到最佳的产品收率，在操作中遵循"先提量，后提温；或先降温，后降量"的原则。

在正常的运行中，原料 P、N、A 组成与设计值相近时，四个反应器将调节至同样的入口温度。由于连续重整催化剂是连续再生，因此催化剂能一直保持良好的性能，各反应器入口温度均是 534℃（设计值）。根据其他单位的经验，一般操作时低于此值。

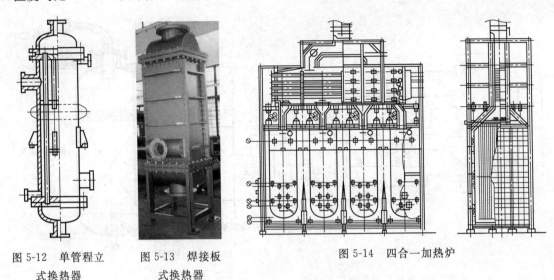

图 5-12　单管程立　　　　图 5-13　焊接板　　　　　图 5-14　四合一加热炉
　　式换热器　　　　　　　式换热器

2. 压力

对于连续重整，反应压力 0.35MPa 已由设计确定，同时催化剂连续再生，活性得到保证。因此，在实际操作中反应压力不作为调节手段。只需维持在一定范围内不使其波动，重整系统的控制压力以高分罐的压力为基础。提高反应压力对芳烃的环烷脱氢、烷烃环化脱氢反应都不利，相反却有利于加氢裂化反应。因此从增加芳烃产率的角度来看，希望采用较低的反应压力，在较低的压力下可以得到较高的芳烃产率。但是在低压下催化剂上的积炭速率较快，从而缩短操作周期。

3. 空速

空速是单位催化剂在单位时间内所加工的原料油量。催化剂和原料的数量一般用体积单位来表示，空速单位是 h^{-1}。

空速的大小标志着原料油在催化剂上接触时间的长短，所以空速和反应温度在一定程度上是可以互相补偿的两个参数，但两者对各类反应的作用不同。提高温度对各类反应都有促进作用，而降低空速对反应较快的环烷烃脱氢反应影响不大，对加氢裂化、烷烃异构化和烷烃脱氢环化都有促进作用。从大体上讲，降低或提高空速具有提高或降低反应温度的效果。但空速的提高要受到催化剂活性的限制，只能适当的提高一点。

提高空速时，先提空速后提温；降低空速时，先降温后降空速。如果违背这一原则会造成剧烈的加氢裂化反应，致使液收下降，氢气纯度下降。

4. 氢油比（H_2/HC）

氢油比是指在标准状态下含氢气体与重整进料油体积之比。

重整循环氢气的目的是抑制生焦反应，起到热载体的作用，将大量热量带出反应器，减小反应器床层的温降，提高反应器的平均温度。此外，还可以稀释原料，使原料更均匀地分布于床层，提高反应效果。循环氢还可以将裂解而成的烯烃迅速加氢饱和成烷烃。在总压力不变时，提高氢油比意味着提高氢气分压，有利于抑制催化剂上积炭。

氢油比有一个最小值，高于这一数值，只要在设备允许范围内是无害的，在较低的比例下运转会使催化剂积炭速度加快，因此缩短催化剂的循环周期，当操作条件变化时，要经常

检查 H_2/HC 比，保证在任何时候都有一适宜的氢油比。

四、反应岗操作

1. 学习重整反应系统操作原则

① 本单元临氢、高温、高压、有毒、易燃、易爆，操作大幅波动随时可能发生意外事故，所以要求平稳操作，避免引发事故。

② 操作调整要及时、全面了解情况，冷静分析，准确判断，有效迅速处理，尤其要预测事故发生的后果及其蔓延趋势，关键时刻要胆大心细，当机立断，保证产品质量。

③ 一旦发生事故，要实现"三保"，即保人身安全、保护好设备、保护好催化剂。

④ 操作中要做到不跑油、不漏油、不串油、不串压、不超温、不冒罐，控制好温度和压力以及升降速度，尤其是避免催化剂的超温烧结及中毒。严防发生着火、爆炸事故。

⑤ 加热炉区出现可燃气体大量泄漏或发生火灾。应立即切断瓦斯，熄火。

2. 岗位正常操作

① 根据操作原则，总结归纳出操作要点。重整反应与操作参数的控制与调节见表 5-2。

表 5-2　重整反应与操作参数的控制与调节

序号	控制内容	影　响　因　素	调　节　方　法
1	重整反应温度	①燃料气压力系统； ②瓦斯带水； ③进料量； ④仪表失灵； ⑤混氢流量小	①联系调度，调节燃料气压力； ②加强瓦斯罐脱水； ③调节进料量； ④处理仪表故障； ⑤检查氢压机是否发生故障
2	重整反应压力	①空速波动或进料中断； ②重整产物空冷器温度； ③循环氢量波动； ④控制阀卡于开	①检查进料泵及时恢复进料，如无法恢复加热炉降温； ②调节重整产物空冷器，改变重整产物分离罐温度； ③检查重整循环氢压缩机是否发生故障； ④手阀调节，联系仪表处理
3	重整氢油比（下降）	①反应温度过高，裂化反应加剧，氢纯度下降 ②产品分离器冷后温度高，氢纯度下降 ③系统压力上升，由此造成压缩机排量减少或压缩机效率降低，使排气量减少 ④进料量中原料组成变化，而循环氢量未变	①适当降低反应温度，并根据产品质量情况，调整进料空速和催化剂的氯含量以减缓裂解反应 ②检查空冷器运转情况，及时调整风机叶片角度，提高冷却效果，降低冷却后温度 ③检查造成压降增加的原因，并作妥善处理，调整循环机转速，增加排气量 ④根据原料量和组成，适当调整氢油比和其他操作条件

② 操作参数调节：按操作要领在催化重整仿真软件反应部分（图 5-15）上调节相关参数，注意各参数间的联系。

【归纳总结】

读懂催化重整反应部分工艺原则流程，找出控制点的位置并画出控制回路；掌握催化重整反应类型与特点；分析操作温度、操作压力、氢油比等对催化重整反应的影响；会调节控制反应温度、压力及氢油比。

【拓展训练】

异常现象分析与处理（仿真操作）。

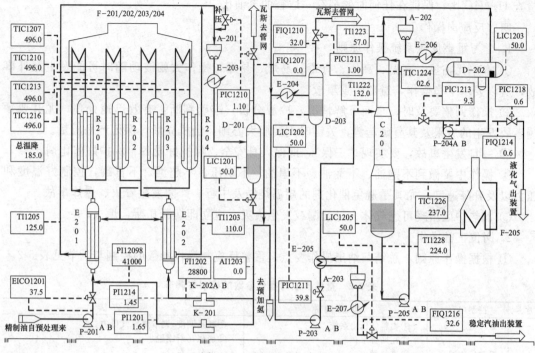

图 5-15　重整反应仿真画面

【知识拓展】

一、催化剂的组成与分类

工业重整催化剂分为两大类：非贵金属和贵金属催化剂。

非贵金属催化剂，主要有 Cr_2O_3/Al_2O_3、MoO_3/Al_2O_3 等，其主要活性组分多属元素周期表中第Ⅵ族金属元素的氧化物。这类催化剂的性能较贵金属低得多，已淘汰。

贵金属催化剂，主要有 $Pt\text{-}Re/Al_2O_3$、$Pt\text{-}Sn/Al_2O_3$、$Pt\text{-}Ir/Al_2O_3$ 等系列，其活性组分主要是元素周期表中第Ⅷ族的金属元素，如铂、钯、铱、铑等。

贵金属催化剂由活性组分、助催化剂和载体构成。

1. 活性组分

由于重整过程有芳构化和异构化两种不同类型的理想反应。因此，要求重整催化剂具备脱氢和裂化、异构化两种活性功能，即重整催化剂的双功能。一般由一些金属元素提供环烷烃脱氢生成芳烃、烷烃脱氢生成烯烃等脱氢反应功能，也叫金属功能；由卤素提供烯烃环化、五元环异构等异构化反应功能，也叫酸性功能。通常情况下，把提供活性功能的组分又称为主催化剂。

重整催化剂的这两种功能在反应中是有机配合的，它们并不是互不相干的，应保持一定平衡。否则会影响催化剂的整体活性及选择性，研究表明，烷烃的脱氢环化反应可按图5-16所示过程进行。

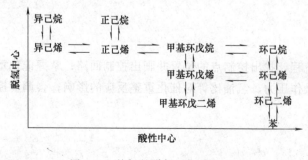

图 5-16　烷烃的脱氢环化反应过程

由以上可以看出，在正己烷转化成苯的过程中，烃分子交替地在脱氢中心和酸性中心上起作用。正己烷转化为苯的总反应速率取决于过程中各个阶段的反应速率，而反应速率最慢的阶段起着决定作用。因此，重整催化剂的两种功能必须适当配合，才能得到满意的结果。

（1）铂　活性组分中所提供的脱氢活性功能，目前应用最广的是贵金属 Pt。一般来说，催化剂的活性、稳定性和抗毒物能力随铂含量的增加而增强。但铂是贵金属，其催化剂的成本主要取决于铂含量，研究表明：当铂含量接近于 1% 时，继续提高铂含量几乎没有裨益。随着载体及催化剂制备技术的改进，使得分布在载体上的金属能够更加均匀地分散，重整催化剂的铂含量趋向于降低，一般为 0.1%～0.7%。

（2）卤素　活性组分中的酸性功能一般由卤素提供，随着卤素含量的增加，催化剂对异构化和加氢裂化等酸性反应的催化活性也增加。在卤素的使用上通常有氟氯型和全氯型两种。氟在催化剂上比较稳定，在操作时不易被水带走，因此氟氯型催化剂的酸性功能受重整原料含水量的影响较小。一般氟氯型新鲜催化剂含氟和氯约为 1%，但氟的加氢裂化性能较强，使催化剂的选择性变差。氯在催化剂上不稳定，容易被水带走，可通过注氯和注水控制催化剂酸性，从而达到重整催化剂的双功能合适地配合。一般新鲜全氯型催化剂的氯含量为 0.6%～1.5%，实际操作中要求氯稳定在 0.4%～1.0%。

2. 助催化剂

助催化剂是指本身不具备催化活性或活性很弱，但其与主催化剂共同存在时，能改善主催化剂的活性、稳定性及选择性。近年来重整催化剂的发展主要是引进第二、第三及更多的其他金属作为助催化剂。一方面，减小铂含量以降低催化剂的成本；另一方面，改善铂催化剂的稳定性和选择性，把这种含有多种金属元素的重整催化剂叫双金属或多金属催化剂。目前，双金属和多金属重整催化剂主要有以下三大系列。

（1）铂铼系列　与铂催化剂相比，初活性没有很大改进，但活性、稳定性大大提高，且容炭能力增强（铂铼剂容炭量可达 20%，铂剂仅为 3%～6%），主要用于固定床重整工艺。

（2）铂铱系列　在铂催化剂中引入铱可以大幅度提高催化剂的脱氢环化能力。铱是活性组分，它的环化能力强，其氢解能力也强，因此在铂铱催化剂中常常加入第三组分作为抑制剂，改善其选择性和稳定性。

（3）铂锡系列　铂锡催化剂的低压稳定性非常好，环化选择性也好，其较多的应用于连续重整工艺。

3. 载体

载体，也叫担体。一般来说，载体本身并没有催化活性，但是具有较大的比表面积和较好的机械强度，它能使活性组分很好地分散在其表面，从而更有效地发挥其作用，节省活性组分的用量，同时也提高催化剂的稳定性和机械强度。目前，作为重整催化剂的常用载体有 $\eta\text{-}Al_2O_3$ 和 $\gamma\text{-}Al_2O_3$。$\eta\text{-}Al_2O_3$ 的比表面积大，氯保持能力强，但热稳定性和抗水能力较差，因此目前重整催化剂常用 $\gamma\text{-}Al_2O_3$ 作载体。载体应具备适当的孔结构，孔径过小不利于原料和产物的扩散，易于在微孔口结焦，使内表面不能充分利用而使活性迅速降低。

二、重整催化剂的评价

重整催化剂评价主要从化学组成、物理性质及使用性能三个方面进行。

1. 化学组成

重整催化剂的化学组成涉及活性组分的类型和含量、助催化剂的种类及含量、载体的组成和结构。主要指标有金属含量、卤素含量、载体类型及含量等。

2. 物理性质

　　重整催化剂的物理性质主要由催化剂化学组成、结构和配制方法所导致的物理特性。主要指标有堆积密度、比表面积、孔体积、孔半径、颗粒直径等。

　　3. 使用性能

　　重整催化剂使用性能评定指标主要有活性、选择性、稳定性、再生性能、机械强度、寿命等。

　　(1) 活性　活性是指催化剂加速反应的能力。催化剂活性越强，促使原料转化率越高，或达到相同转化率时，操作苛刻度（如温度）越低。对重整催化剂活性来说，重整催化剂的活性越强，使原料转化成相应产物——芳烃或高辛烷值汽油的功能越强，因而通常可用芳烃产率或产品辛烷值与收率的乘积来表示，也可用操作苛刻度（如温度）表示。

　　(2) 选择性　选择性是指催化剂促进目的反应（对重整催化剂来说，就是生成芳烃或提高辛烷值的各种化学反应）能力的大小。由于重整反应是一个复杂的平行-顺序反应过程，因此催化剂的选择性直接影响目的产物的收率和质量。催化剂的选择性可用目的产物的收率或目的产物收率/非目的产物收率的值进行评价，如芳烃转化率、汽油收率、芳烃收率/液化气收率、汽油收率/液化气收率等表示。

　　通常催化剂除加速希望发生的反应外，还会加速不希望发生的反应（如裂化反应等）。

　　(3) 稳定性　稳定性是指催化剂在使用条件下保持其活性和选择性的能力。因此，催化剂的稳定性包括两种涵义，一种是活性稳定性，另一种是选择性稳定性。对重整催化剂来说，既要求具有良好的活性稳定性（即要求运转末期和运转初期平均反应温度之差较小），又要求具有良好的选择性稳定性（即要求运转初期催化剂的选择性和运转末期催化剂的选择性之差较小）。

　　一般把催化剂活性和选择性下降叫催化剂失活。造成催化剂失活主要原因如下。

　　① 固体物覆盖。主要是指催化反应过程中产生的一些固体副产物覆盖于催化剂表面，从而隔断活性中心与原料之间的联系，使活性中心不能发挥应有的作用。

　　② 中毒。主要是指原料、设备、生产过程中泄漏的某些杂质与催化剂活性中心反应而造成活性组分失去活性的能力，这类杂质称为毒物。中毒分为永久性中毒和非永久性中毒。永久性中毒是指催化剂活性不能恢复，如砷、铅、钼、铁、镍、汞、钠等中毒，其中以砷的危害性最大；非永久性中毒是指在更换不含毒物的原料后，催化剂上已吸附的毒物可以逐渐排除而恢复活性。这类毒物一般有含氧、含硫、含氮、CO 和 CO_2 等化合物。因此加强重整原料的预处理防止催化剂中毒。

　　③ 老化。主要指催化剂活性组分流失、分散度降低、载体的结构等某些催化剂的化学组成和物理性能发生改变而造成催化剂的性能变化。重整催化剂在反应和再生过程中由于温度、压力及其他介质的作用而造成金属聚集、卤素的流失、载体的破碎及烧融等，这些对催化剂的活性及选择性造成不利的影响。

　　总之，重整催化剂在使用过程中由于积炭、中毒、老化等原因造成活性及选择性下降，从而影响重整催化剂长期稳定使用，使芳烃转化率或汽油辛烷值降低。

　　(4) 再生性能　重整催化剂由于积炭等原因而造成失活可通过再生来恢复其活性，但催化剂经再生后很难恢复到新鲜催化剂的水平。这是由于有些失活不能恢复（永久性的中毒）；再生过程中由于热等作用造成载体表面积减小和金属分散度下降而使活性降低。因此，每次催化剂再生后其活性只能达到上次再生的 85%～95%，当活性不再满足要求时需要更换新鲜催化剂。

　　(5) 机械强度　催化剂在使用过程中，由于装卸或操作条件等原因导致催化剂颗粒粉碎，造成床层压降增大，压缩机能耗增加，同时也对反应不利。因此要求催化剂必须具有一定的机械强度。工业上常以耐压强度（Pa）表示重整催化剂的机械强度。

（6）寿命　重整催化剂在使用过程中由于活性、选择性、稳定性、再生性能、机械强度等使用性能不能满足实际生产需求，必须更换新催化剂。催化剂从开始使用到废弃这一段时间叫使用寿命，用 h 表示，也可用每公斤催化剂处理原料量，即 t 原料/kg 催化剂或 m^3 原料/kg 催化剂表示。

三、工业用重整催化剂

我国重整催化剂的开发大体上和国外走同样的路子，最近几年在研制双金属和多金属催化剂方面取得了很好的结果，CB-5、CB-6、CB-7、CB-8、CB-9、GCR-10、CB-11、3861、3961、3932 和 3933 等新一代国产催化剂应用效果，已达到或超过国外同类催化剂的水平。

四、催化剂的再生

1. 烧炭

烧炭在整个再生过程中所占时间最长，且在高温下进行，而高温对催化剂上微孔结构的破坏、金属的聚集和氯的损失都有很大影响，所以要采取措施尽量缩短烧炭时间并控制好烧炭温度。烧炭前将系统中的油气吹扫干净，以节省无谓的高温燃烧时间。烧炭时若采用高压，则可加快烧炭速率。提高再生气的循环量，除了可加快积炭的燃烧外，还可及时将燃烧时所产生的热量带出。烧炭时床层温度不宜超过 460℃，再生气中氧浓度宜控制在 0.3%～0.8% 之间。当反应器内燃烧高峰过后，温度会很快下降。如进出口温度相同，表明反应器内积炭已基本烧完。在此基础上将温度升到 480℃，同时提高气中含氧量至 1.0%～5.0%，烧去残炭。

2. 氯化更新

氯化更新是再生中很重要的一个步骤。研究和实践证明：烧焦后催化剂再进行氯化和更新，可使催化剂的活性进一步恢复而达到新鲜催化剂的水平。有时甚至可以超过新鲜催化剂的水平。

重整催化剂在使用过程中，特别在烧焦时，铂晶粒会逐渐长大，分散度降低，同时烧焦过程中产生水，会使催化剂上的氯流失。氯化就是在烧焦之后，用含氯气体在一定温度下处理催化剂，使铂晶粒重新分散，以提高催化剂的活性，氯化也同时可以对催化剂补充一部分氯。更新是在氯化之后，用干空气在高温下处理催化剂。据称更新的作用是使铂的表面再氧化以防止铂晶粒的聚结，从而保持催化剂的表面积和活性。对不同的催化剂应采用相应的氯化和更新条件。在含氧气氛下，注入一定量的有机氯化物，如二氯乙烷、三氯乙烷或四氯化碳等，在高温下使金属充分氧化，在聚集的铂金属表面上形成 Pt—O—Cl 而自由移动，使大的铂晶粒再分散，并补充所损失氯组分，以提高催化剂性能。氯化更新的好坏与循环气中氧、氯和水的含量及氯化温度、时间有关。一般循环气中含氧量为＞8%（摩尔分数），水/氯摩尔比为 20∶1，温度 490～510℃，时间 6～8h。氯化时需注意床层温度的变化，因在高温时如注氯过快，或催化剂上残炭太多，会引起燃烧，将损害催化剂。氯化更新时要防止烃类和硫的污染。

3. 还原

还原是将氯化更新后的氧化态的催化剂，用氢还原成金属态催化剂，如下式所示：

$$PtO_2 + 2H_2 \longrightarrow Pt + 2H_2O$$

$$Re_2O_7 + 7H_2 \longrightarrow 2Re + 7H_2O$$

还原性好的催化剂，铂晶粒小，金属表面积大，而且分散均匀，有良好的活性。还原时必须很好地控制还原气中的水和烃，因为水会使铂晶粒长大和载体比表面积减少；烃类（C_2 以上）在还原时还会发生氢解反应，所产生的积炭覆盖在金属表面，影响催化剂的性能。氢解反应所产生的甲烷，还会使还原氢的浓度大大降低，不利于还原。

4. 被硫污染后的再生

催化剂及系统被硫污染后，在烧焦前必须先将临氢系统中的硫及硫化铁除去，以免催化剂在再生时受硫酸盐污染。我国通用的脱除临氢系统中硫及硫化铁的方法有高温热氢循环脱硫及氧化脱硫法。

高温热氢循环脱硫，是在装置停止进油后，压缩机继续循环，并将温度逐渐提到 $510℃$，循环气中氢在高温下与硫及硫化铁作用生成硫化氢。并通过分子筛吸附除去，当油气分离器出口气中 H_2S 小于 $1\mu L/L$ 时，热氢循环即行结束。

氧化脱硫是将加热炉和热交换器等有硫化铁的管线与重整反应器隔断，在加热炉炉管中通入含氧的氮气，在高温下一次通过，将硫化铁氧化成二氧化硫而排出。气中含氧量为 $0.5\%\sim1.0\%$（体积分数），压力为 $0.5MPa$。当温度升到 $420℃$ 时，硫化铁的氧化反应开始剧烈，二氧化硫浓度最高可达几千 $\mu L/L$，控制最高温度不超过 $500℃$。当气中二氧化硫低于 $10\mu L/L$ 时，将含氧量提高到 5%，再氧化两小时即行结束。

任务 4　芳烃抽提操作

【任务介绍】

重整生成油是芳烃和非芳烃的混合物，一般铂重整油含芳烃 $30\%\sim50\%$，含非芳烃 $50\%\sim70\%$。为了要得到高纯度的单体芳烃，必须将重整生成油中的芳烃分离出来。工业上最常用的分离液体混合物的方法是精馏，但重整生成油中相同碳原子的芳烃和非芳烃的沸点相差极小，并且有些组分还能形成共沸物，因此不能采用一般精馏方法分离，而是采用抽提、吸附、共沸蒸馏或抽提蒸馏等方法来达到分离目的。

目前国内外被广泛采用的是液-液抽提方法，先分出混合芳烃，然后进行精馏，从而得到高纯度的单体芳烃。

知识目标：了解抽提塔的构造和作用；熟悉芳烃抽提的岗位操作法和对异常现象的处理方法；掌握芳烃抽提原理和对抽提溶剂的基本要求。

能力目标：能认识芳烃抽提系统设备，熟悉其构造；会选择溶剂；能分析抽提过程的影响因素；能在催化重整装置仿真软件上进行芳烃抽提的正常操作和异常处理。

【任务分析】

如想从重整生成油中分出混合芳烃，就要知道芳烃抽提的原理、方法和工艺流程。在此基础上通过对抽提影响因素的分析，确定操作条件。按照操作规程在装置仿真软件上进行岗位的正常操作和异常调节。

【相关知识】

一、芳烃抽提的基本原理

溶剂液-液抽提原理是根据某种溶剂对脱戊烷油中芳烃和非芳烃的溶解度不同，从而使芳烃与非芳烃分离，得到混合芳烃。在芳烃抽提过程中，溶剂与脱戊烷油混合后分为两相

（在容器中分为两层）：一相由溶剂和能溶于溶剂中的芳烃组成，称为提取相（又称富溶剂、抽提液、抽出层或提取液）；另一相为不溶于溶剂的非芳烃，称为提余相（又称提余液、非芳烃）。两相液层分离后，再将溶剂和芳烃分开，溶剂循环使用，混合芳烃作为芳烃精馏原料。

二、溶剂的选择

溶剂使用性能的优劣，对芳烃抽提装置的投资、效率和操作费用起着决定性的作用。为了抽提过程得以进行，溶剂必须具备这样的特性：在原料中加入一定的溶剂后能产生组成不同的两相，芳烃得以提纯。同时这两相应有适当密度差而分层，以便分离。因此，在选择溶剂时必须考虑如下三个基本条件。

1. 对芳烃有较高的溶解能力

溶剂对芳烃溶解度越大，则芳烃回收率高，溶剂用量小，设备利用率高，操作费用也低。

工业用芳烃抽提溶剂对芳烃溶解能力由高至低顺序为：N-甲基吡咯烷酮和四己二醇醚、环丁砜和 N-甲酰基吗啉、二甲基亚砜和三乙二醇醚、二乙二醇醚。温度对溶解度也有影响，温度提高溶解度增大。分子大小不同的同类烃其在溶剂中的溶解度也有差别，例如，芳烃在二乙二醇醚中溶解度的顺序为：苯＞甲苯＞二甲苯＞重芳烃。

2. 对芳烃有较高的选择性

溶剂的溶解选择性越高，分离效果越好，芳烃产品的纯度越高。

在常用芳烃抽提溶剂中，各种烃类在溶剂中的溶解度不同，其顺序为：芳烃＞环二烯烃＞环烯烃＞环烷烃＞烷烃。例如，烃类在二乙二醇醚中溶解度的比值大致为：芳烃：环烷烃：烷烃＝20：2：1。不同溶剂，对同一种烃类的溶解度是有差异的。通常用甲苯的溶解度与正庚烷溶解度的比值作为评价溶剂的选择性指标。

工业用芳烃抽提溶剂对芳烃溶解选择能力由高至低顺序为：环丁砜和二甲基亚砜＞乙二醇醚和 N-甲酰基吗啉＞N-甲基吡咯烷酮。

3. 溶剂与原料油的密度差要大

溶剂与原料的密度差越大，提取相与提余相越易分层。

除此之外，还应考虑溶剂与油相界面张力要大，不易乳化，不易发泡，容易使液滴聚集而分层；溶剂化学稳定性好，不腐蚀设备；溶剂沸点要高于原料的干点，不生成共沸物，且便于用分馏的方法回收溶剂；溶剂价格低廉，来源充足。

目前，工业上采用的主要溶剂有：二乙二醇醚、三乙二醇醚、四乙二醇醚、二丙二醇醚、二甲基亚砜、环丁砜和 N-甲基吡咯烷酮等。

【任务实施】

一、熟悉抽提部分工艺原则流程

熟悉抽提部分工艺原则流程（图 5-17），找到控制点的位置，画出控制回路。

二、认识芳烃抽提设备

芳烃抽提设备见图 5-18，应了解大体构造和作用。

三、分析芳烃抽提操作影响因素，确定操作条件

1. 抽提系统

（1）操作温度　温度对溶剂的溶解度和选择性影响很大。当温度升高时，溶解度将会加大，有利于芳烃回收率的增加。但是非芳烃在溶剂中的溶解度也会增加，因而溶剂的选择性

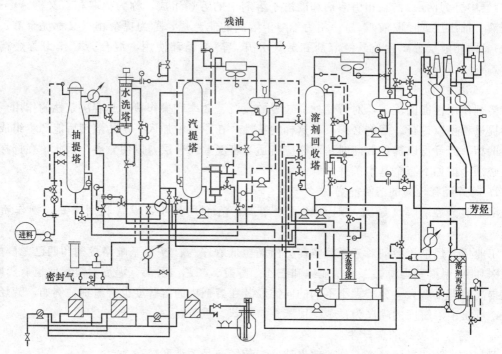

图 5-17   环丁砜抽提工艺控制流程

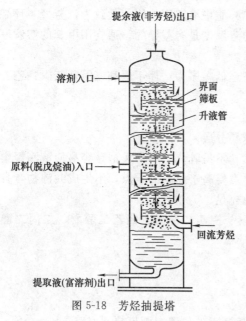

图 5-18   芳烃抽提塔

变差,使产品芳烃纯度下降。

(2) 操作压力   抽提塔的操作压力对芳烃纯度和芳烃回收率影响不大。但是,抽提塔操作压力与界面控制密切相关,操作压力必须保证全塔在液相下操作。当原料中轻组分增加,或塔顶温度提高,应适当提高操作压力以保证塔在液相条件下操作。当以 60～130℃馏分作重整原料时,抽提温度在 150℃ 左右,抽提压力应维持在 0.8～0.9MPa。

(3) 溶剂比   在一定操作条件下,芳烃回收率与抽提过程的溶剂比有直接关系。当溶剂过量(即溶剂比过大)时,溶剂中将溶解较多的非芳烃,从而影响芳烃的纯度,反之亦然。

(4) 回流(返洗)比   芳烃抽提,回流比一般为 0.3～0.6。回流比越大,产品芳烃的纯度就越高,但芳烃回收率下降。回流比的大小,应与原料芳烃含量相适应,原料中芳烃含量越高,回流比越小。实际上,回流比与溶剂比也是互相影响的;降低溶剂比时,产品纯度可提高,起到提高回流比的作用,反之亦然。

2. 提馏塔

影响提馏塔操作因素有塔顶蒸出量、塔釜温度、富溶剂中烃含量和系统 pH 值等。

(1) 塔顶蒸出量   在抽提塔中,溶剂所溶解的少量非芳烃随着富溶剂到提馏塔,在提馏塔顶被蒸出。操作时塔顶蒸出率要足够,这是控制抽出油质量的主要手段之一。但蒸出量不可过大，否则会使返洗液量增大，造成抽提塔的处理能力下降；也不可过小，否则非芳烃不能去除干净。因此，塔顶蒸出量在保证除去富溶剂中所含的非芳烃前提下，应尽可能小。通常可由返洗比来控制。

（2）温度　提馏塔塔釜温度是控制芳烃质量的主要参数。通常，如果在富溶剂中非芳烃含量高，特别是重质非芳烃含量高时，温度可适当高些，反之则低些。环丁砜抽提工艺中，提馏塔底温度一般控制在 175～178℃ 为宜。

（3）富溶剂烃含量　若富溶剂中烃含量过高时，选择性会下降，使得富溶剂中芳烃和非芳烃分离困难。此时，可向提馏塔中增补些溶剂，以改善塔的恒温平衡，有利于非芳烃的分离。但在正常情况下不添加溶剂。

（4）溶剂的 pH 值　系统溶剂的 pH 值通常控制在 5.5～6.0 为宜。如果小于 5.5 时，可向单乙醇胺（MEA）罐中补入适量 MEA。

3. 溶剂回收系统

（1）操作温度和压力　在一定真空度（即压力）下，塔底温度适宜可使抽提溶剂维持一个理想的溶解度和选择性，保证芳烃纯度。塔底温度变化，可导致溶剂溶解能力、溶剂的选择性、芳烃的回收率和质量变化。

塔底温度过高时，会导致芳烃夹带溶剂，严重时会冲塔，破坏塔的平稳操作；如果塔底温度过低，会导致贫溶剂含油量增高，造成抽提塔操作波动。

适当的温度和压力（真空度）可以防止溶剂的热分解。对环丁砜抽提，一般塔顶控制在 61～68℃，塔底控制在 169～113℃ 为好。再沸器出口温度通常控制在 174～179℃，塔顶受槽控制在 25～36℃，回收塔的绝对压力控制在 0.04MPa，回收塔的压力随塔负荷的增加而增加。

（2）回流比　采用适当的回流比也是保证塔顶抽出液不带溶剂的调节方法。回流比是以保证产品含溶剂合格为前提，回流比过大，造成能耗增加，一般控制在 0.65 左右为宜。

（3）汽提水量　汽提用蒸汽和无烃水对汽提出芳烃是不可缺少的，也是影响回收塔操作的重要因素。

从原理上来说，引入回收塔的汽提蒸汽和汽提水都能降低分压，有利于芳烃与溶剂的分离，避免溶剂遭受高温带来的热分解副作用，这就保护了溶剂。

汽提水进入回收塔的另一作用是回收水洗水和汽提塔顶受槽水中携带的溶剂。但汽提水量不宜大幅度调节，只有在贫溶剂含水量变化，调节塔底温度有困难时，才适当调节汽提水量。

提馏塔分出的水量与汽提塔顶分出的水量大致为 1:(2～3) 的关系。有经验的操作员不是盲目地往水斗中补入新鲜水，而按再生溶剂水的损失量（通常为 2%）与烃类系统带走的水（通常为 1%），计算总共应补入的水量。补充水量过多，将加大水汽提塔的负担，结果导致水汽提塔操作恶化，塔顶水中溶剂含量增高，加大溶剂损耗。水洗水含溶剂还导致水洗塔操作恶化，水洗效果不好，要保证水洗效果就要增加水洗水量，这就造成恶性循环。

四、重整芳烃抽提系统操作

1. 抽提塔操作

（1）学习操作原则　抽提塔的作用就是利用芳烃和非芳烃在环丁砜溶剂中溶解度不同，分离出芳烃和非芳烃，溶剂在系统中循环使用。

① 严格执行操作规程和工艺卡片，遵守工艺纪律，平稳操作。

② 平稳控制压力、溶剂比、反洗比、塔底界位，实现最佳操作。

③ 进料量、抽余油量、贫溶剂量和返洗量的调节幅度不得过大。

④ 抽余油量的调节。应根据抽提塔底界位的变化来调节，应小幅度多次调节，尽量保证塔底界位稳定。

（2）岗位正常操作

① 根据操作原则，总结归纳出操作要点。抽提塔操作参数的控制与调节见表5-3。

表 5-3   抽提塔操作参数的控制与调节

序号	控制内容	影 响 因 素	处 理 方 法
1	塔顶压力	①抽余油出装置控制阀卡关位； ②冬季压力仪表冻结，造成仪表假象； ③进料量突然增大； ④返洗量突然增大	①仪表改手动，控制阀改走副线，联系仪表修阀； ②将抽余油控制阀打开，用水洗塔压力控制抽提塔压力； ③减小抽提进料； ④减小返洗量
2	贫溶剂温度	控制贫富溶剂换热器的流量	改变换热器的流量，调节贫溶剂入塔温度
3	抽提塔界面	①富溶剂抽出量； ②抽余油量； ③进料量； ④抽提塔压力波动； ⑤排苯回流速度； ⑥贫溶剂量突变； ⑦返洗量； ⑧汽提塔发生闪蒸； ⑨进料组成发生变化； ⑩仪表发生故障	①调节富溶剂量； ②调节抽余油量； ③调节进料量要缓慢； ④控制平稳抽提塔压力； ⑤调节排苯回流速度； ⑥改变贫溶剂量时应缓慢进行； ⑦应缓慢调节返洗量； ⑧控制好汽提塔； ⑨根据原料组成，调整抽提塔参数； ⑩联系仪表工处理仪表
4	溶剂比	提高进料量，同时按比例提高溶剂量	抽提进料量、贫溶剂量

② 操作参数调节。按操作要领在仿真软件上调节相关参数，注意各参数间的联系。

2. 汽提塔操作

（1）学习操作原则

① 严格执行操作规程和工艺卡片，遵守工艺纪律，平稳操作。

② 平稳控制塔底温度、压力、液位，实现最佳操作。

③ 汽提塔塔底温度不宜过高，一般不超过180℃，最高不得超过193℃。温度过高会造成汽提塔发泡和加速溶剂分解的严重后果。

④ 汽提塔塔底压力控制不宜控制太低，过低的压力增加了汽提塔发泡的机会。

（2）正常操作

① 根据操作原则，总结归纳出操作要点。汽提塔操作参数的控制与调节见表5-4。

表 5-4   汽提塔操作参数的控制与调节

序号	控制内容	影 响 因 素	处 理 方 法
1	汽提塔塔底温度	①加热炉出口温度； ②控制阀卡在关位； ③塔底液位控制不在热电偶测量点； ④系统水循环量； ⑤塔底热载体流量	①调节加热炉出口温度； ②切除控制阀，改副线控制； ③调节液位控制； ④调节系统水循环量； ⑤调节塔底热载体流量
2	塔底压力	①塔底温度； ②汽提塔发泡； ③空冷效果； ④放空系统压力； ⑤冬季放空系统冻结	①调节塔底热载体量； ②详见汽提塔发泡处理方法； ③用水冲洗空冷； ④放空改对大气； ⑤用蒸汽吹开冻点

② 操作参数调节。按操作要领在仿真软件上调节相关参数，注意各参数间的联系。

3. 回收塔操作

（1）学习操作原则　回收塔的作用是将汽提塔脱出非芳烃后的富溶剂中的芳烃蒸出，与此同时完成溶剂的循环。

① 严格执行操作规程和工艺卡片，遵守工艺纪律，平稳操作。

② 平稳控制温度、压力、液位、回流比，实现最佳操作。

③ 为了保证芳烃回收率较高的前提下，尽量降低回收塔底温，减小汽提汽量，过高的温度加速溶剂分解。

④ 保持塔顶有较高的真空度，真空度越高，回收率越高。

（2）正常操作

① 根据操作原则，总结归纳出操作要点。回收塔操作参数的控制与调节见表 5-5。

表 5-5　回收塔操作参数的控制与调节

序号	控制内容	影 响 因 素	处理方法与控制手段
1	塔底温度	①汽提水量； ②热载体控制阀卡在关位； ③换热器插入位置与下隔板有间隙； ④汽提塔底温	①调节水循环量； ②改副线调节，联系仪表工修控制阀； ③塔底液位提高以淹没换热器； ④调节汽提塔底温，通过调节热载体流量来控制塔底温度
2	塔底压力 （真空度）	①空冷效果； ②抽空器； ③汽提汽量； ④蒸汽压力； ⑤装置泄漏	①用水冲洗空冷； ②处理抽空器； ③调节水循环量来改变汽提汽量； ④和公司调度联系，改变蒸汽压力； ⑤开工时严格气密

② 操作参数调节。按操作要领在仿真软件上调节相关参数，注意各参数间的联系。

【归纳总结】

掌握抽提基本原理及抽提过程；温度和压力、回流比、汽提水量对抽提操作的影响；塔顶温度、压力的控制目标及控制方式。

【拓展训练】

催化重整抽提系统异常现象分析与处理（模拟操作）。

任务 5　芳烃精馏操作

【任务介绍】

经芳烃抽提分出的是混合芳烃，其中包括苯、甲苯和各种结构的 C_8 和 C_9、C_{10} 等重质芳烃。为了获得各种单体芳烃，应分析各种单体芳烃的物理特性。经分析得知，除了间二甲苯、对二甲苯的沸点差过低难于用精馏法分离外，其他各单体芳烃都能用精馏法加以分离，获得高纯度的硝化级苯类产品。

知识目标：掌握芳烃精馏特点与任务；熟悉温差控制基本原理。

能力目标：能在仿真软件上依据操作规程处理异常现象和进行正常调节。

【任务分析】

如想从混合芳烃中分出单体芳烃，就要知道芳烃抽提的原理、方法和工艺流程。在此基础上通过对芳烃精馏影响因素的分析，确定操作条件。按照操作规程在装置仿真软件上进行岗位的正常操作和异常调节。

【相关知识】

一、芳烃精馏系统的任务

由溶剂抽提出的芳烃是一种混合物，包括苯、甲苯和各种结构的 C_8 和 C_9、C_{10} 等重质芳烃。只有将它们分离成单一组分的产品才具有工业价值。芳烃精馏系统的任务就是将混合芳烃通过精馏的方法分离成苯、甲苯、二甲苯和重芳烃。

二、芳烃蒸馏的特点

要求产品纯度高，在 99.9％ 以上，同时要求馏分很窄，苯和甲苯馏分在 0.6～0.9℃ 范围之内，如纯苯的初馏点不小于 79.5℃，终馏点不大于 80.6℃，其馏分范围仅 0.9℃。而一般石油产品馏分很宽，如汽油馏分为初馏点～205℃，煤油馏分为 130～250℃。

塔顶、塔底产品不允许有重叠，否则将使下一个产品不合格。如果苯塔塔底重叠有 0.5％ 的苯，就会造成甲苯的初馏点不合格。而一般石油产品如汽油、煤油、柴油均允许有一定重叠度。

由于产品纯度要求高，所以用一般油品蒸馏塔产品质量控制的方法不能满足工艺要求。例如，要求苯的纯度在 99.9％ 以上，苯塔塔顶温度的变化幅度则不能大于 0.02℃，这采用常规控制方法即用改变回流量控制顶温是难以做到的，须采用温差控制的方法才能较满意地控制住顶温，保证产品达到高纯度。

三、温差控制的基本原理

在精馏塔内进行物质交换和热量交换过程中，以灵敏塔盘作为控制点。选择塔顶或塔板作为参考。以这两点的温差指示的输出电流作为塔顶回流量的给定值。当灵敏塔盘上的组成（和温度）稍有变化时，温差仪表立刻就反应出来，并通过串级控制，改变回流量，保证塔顶温度恒定，保证及时反应，及时调节，使产品质量合格。苯塔灵敏区为 30～40 层，甲苯塔为 40～50 层。

1. 温差控制的上下限控制

所谓温度上限是指塔顶产品接近带有塔底重组分时的温度；所谓下限是指塔底产品接近带有塔顶轻组分时的温度。对苯塔来说，上下限之间的温度范围是 0.1～0.8℃，在温差的上限或下限操作都是不好的。因为接近上限的时候，轻产品将夹带重组分而不合格；接近下限时，塔底将夹带轻组分。只有在远离上下限时温差才是合理的温差。只有在合理的温差下操作，才能保证塔顶温度稳定，才能起到提前发现、提前调节，保证产品质量的作用。

2. 温差控制器有两个基本特点

① 它可以消除压力的影响。

② 提高控制精度。常规温度控制精度只能达到 ±(0.5～1.0)℃，而温差控制可达到 ±0.02℃。

为保证产品质量合格，要求温度差别控制在灵敏区内。塔顶产品刚刚不含塔底各组分时的温差，下限值高于理论值，所以温差灵敏区一般为偏上限的温差范围。

【任务实施】

一、熟悉芳烃精馏部分工艺流程

熟悉芳烃精馏部分工艺流程（图 5-19），找到控制点的位置，画出控制回路。

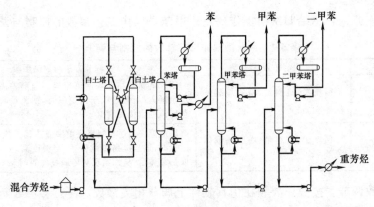

图 5-19　芳烃精馏工艺流程

二、重整芳烃精馏操作

1. 苯塔操作

（1）学习操作原则

① 严格执行操作规程和工艺卡片，遵守工艺纪律，平稳操作。

② 平稳控制温度、回流量、温差、液位，实现最佳操作。

③ 苯塔产品通常是由温差来控制产品质量的，要保证温差在正常的范围波动，波动太大会导致产品不合格。

④ 苯塔底温不作为严格的控制对象，只控制塔底的热载体流量，温差控制会消除底温变化带来的影响，如果同时控制底温和温差，会造成系统操作混乱。

（2）正常操作

① 根据操作原则，总结归纳出操作要点。苯塔操作工艺参数的控制与调节见表 5-6。

表 5-6　苯塔操作工艺参数的控制与调节

序号	控制内容	影　响　因　素	调节方法与控制手段
1	苯塔温差	回流量、进料量、塔底热载体流量、侧线苯的抽出量	苯塔温差与苯塔回流串级，当温差高于给定值时，回流量增大；当温差低于给定值时，回流量减小，实现了温差与回流的串级控制
2	塔底和塔顶温度	塔底温度受塔釜加热负荷、塔顶压力、回流量、进料量、进料组成等因素影响；回流中非芳烃含量或带水，温差控制是否失灵	调节塔釜加热蒸汽量；适当调整回流量；适当调整进料量
3	塔顶回流温度	塔顶空冷器传热效果	调节塔顶空冷器

② 操作参数调节。按操作要领在仿真软件上调节相关参数，注意各参数间的联系。

2. 甲苯塔操作

（1）学习操作原则

① 严格执行操作规程和工艺卡片，遵守工艺纪律，平稳操作。

② 平稳控制温度、回流量、温差、液位，实现最佳操作。

③ 苯塔产品通常是由温差来控制产品质量的，要保证温差在正常的范围波动，波动太大会导致产品不合格。

④ 苯塔底温不作为严格的控制对象，只控制塔底的热载体流量，温差控制会消除底温变化带来的影响，如果同时控制底温和温差，会造成系统操作混乱。

（2）正常操作

① 根据操作原则，总结归纳出操作要点。甲苯塔操作工艺参数的控制与调节见表 5-7。

表 5-7　甲苯塔操作工艺参数的控制与调节

序号	控制内容	影 响 因 素	调节方法与控制手段
1	甲苯塔温差	回流量、进料量、塔底热载体流量	甲苯塔温差与苯塔回流串级。当温差高于给定值时，回流量增大；当温差低于给定值时，回流量减小，实现了温差与回流的串级控制
2	塔底温度	回流量、进料量、塔底热载体流量	塔底温度通过控制塔底重沸器热载体流量来实现。当温度低时，适当提高热载体量；当温度高时，可适当地降低塔底热载体量，从而实现对塔底温度的调节

② 操作参数调节。按操作要领在仿真软件上调节相关参数，注意各参数间的联系。

3. 二甲苯塔操作

（1）学习操作原则

① 严格执行操作规程和工艺卡片，遵守工艺纪律，平稳操作。

② 平稳控制温度、回流量、液位，实现最佳操作。

③ 二甲苯没有温差控制器，不是用温差控制产品质量的，主要是由塔底温度控制产品质量，控制好塔底温度至关重要，温度的波动范围要很小才能保证产品合格。

（2）正常操作

① 根据操作原则，总结归纳出操作要点。二甲苯塔操作工艺参数的控制与调节见表5-8。

表 5-8　二甲苯塔操作工艺参数的控制与调节

序号	控制内容	影 响 因 素	调节方法与控制手段
1	二甲苯产品质量	底温	控制平稳底温，也可以用回流来控制底温，底温控制稳定，二甲苯产品质量稳定
2	塔底温度	回流量、进料量	甲苯塔温差与苯塔回流串级。当温差高于给定值时，回流量增大；当温差低于给定值时，回流量减小，实现了温差与回流的串级控制

② 操作参数调节。按操作要领在仿真软件上调节相关参数，注意各参数间的联系。

【归纳总结】

掌握芳烃精馏系统的特点与任务；熟悉温差控制基本原理；清楚温度、压力、回流比对精馏效果的影响；知道温差控制的控制目标、控制范围及控制方式。

【拓展训练】

催化重整芳烃精馏系统异常现象分析与处理（模拟操作）。

任务 6　催化重整装置——重整反应单元冷态开车仿真操作

【任务介绍】

高职毕业生小孙经过重整工艺流程和主要岗位操作的学习和训练以后，孔师傅告诉他可以进行重整装置冷态开车的仿真操作。孔师傅对于装置仿真操作的学习训练，给小孙指出了学习要点：

    ① 熟悉装置的工艺流程；

    ② 清楚操作工艺指标；

    ③ 岗位正常操作的调节控制法；

    ④ 装置冷态开车操作规程。

    知识目标：熟悉仿真软件上 DCS 和现场流程画面；熟悉冷态开车操作方法。

    能力目标：能依照操作规程，在装置仿真软件上进行装置的冷态开车操作。

【任务分析】

    装置的冷态开车仿真操作，是模拟现场训练操作工的一种非常有效的学习训练方法。通过仿真操作的训练，使新上岗的操作工能缩短上岗以后的学习时间，能很快独立顶岗。

    工艺流程和操作参数是顺利进行装置冷态开车的基础。因此，只有在熟悉工艺流程的前提下方可进行装置的冷态开车操作。

    孔师傅根据自己的经验，给小孙设计了一个仿真操作实施的具体方案：熟悉装置总貌流程→装置的 DCS 和现场流程→操作参数→冷态开车操作规程及岗位正常操作法→冷态开车及操作。

【任务实施】

    一、训练准备

    熟悉催化重整装置的工艺流程及生产原理。

    1. 工艺流程

    重整部分采用半再生式重整工艺，两段混氢流程，由预处理来的预加氢精制油经泵（P-201）与循环氢气压缩机（K-201）来的一段循环氢混合进入重整立式换热器（E-201 管）与重整反应生成油换热后进入第一重整加热炉（F-201），加热至反应温度 496℃后进入第一重整反应器（R-201）进行反应，由于重整反应为吸热反应，物料经过反应器后有温降，为了再次达到重整反应的温度，再进入第二重整加热炉（F-202）加热到反应温度 496℃，再进入第二重整反应器（R-202），依次直到第四重整反应器（R-204），在第三重整入口混入二段混氢。由第四重整反应器（R-204）出来的反应产物分为两路，一路到重整进料/重整产物立式换热器（E-201 壳）与重态进料换热；另一路至二段混氢进料/重整产物立式换热器（E-202 壳）与二段混氢换热。K-201 来的二段混氢经 E-202 管换热后，与第二重态反应器（R-202）出来的反应产物混合后，经第三重整反应炉（F-203）进入第三重整反应器（R-203）。经两路换热后重整产物混合后，经空冷（Ac-201）、水冷（E-203）后进入重整气液分离罐（D-201）进行气液分离，罐顶分出的含氢气体大部分经重整循环氢压缩机（K-201）升压后在重整临氢系统中循环使用，另有一部分经氢气增压机（K-202）送往本装置的预处理单元。罐底的重整生成油在 E-205/1.2 壳与稳定塔（C-201）底油换热后，进入稳定塔（C-201），稳定塔顶分出干气和液化气，经空冷（Ac-202）、水冷（E-206）进入回流罐（D-202），干气送往瓦斯管网，液化气经回流泵（P-204）后，分两路，一路打回塔顶，建立塔顶回流，另一路做为产品送出装置。塔底油分路，一路经 E-205/1.2 壳与进料换热，再经水冷后做为高辛烷值汽油组分自压送出装置。稳定塔底采用加热炉加热，经泵（P-205）和炉（F-205）建立塔底热循环。

    重整反应流程见图 5-15。

2. 生产原理

重整的目的是将原料中的烃类，在催化剂存在的条件下进行芳构化和异构化等反应，达到制取辛烷值汽油的目的。其中反应部分设置四个反应器，烃类分子在这里进行化学反应，分离部分是将反应生成物进行气液分离，稳定部分是除去重整生成油中低沸点的烃类，以满足重整汽油对饱和蒸气压的要求。

二、上机操作

上机操作主要包括以下几个步骤：

① 垫油；

② 重整系统循环干燥；

③ 重整催化剂预硫化；

④ 重整系统进油。

【考核评价】

以计算机评价系统评分为准。

【归纳总结】

熟悉催化重整工艺流程和操作规程、操作参数，在装置仿真软件上完成冷态开车操作。

参 考 文 献

[1] 林世雄. 石油炼制工程：第 2 版. 北京：石油工业出版社，1988.
[2] 林世雄. 石油炼制工程：第 3 版. 北京：石油工业出版社，2000.
[3] 李淑培. 石油加工工艺. 北京：中国石化出版社，2007.
[4] 陈长生. 石油加工生产技术. 北京：高等教育出版社，2007.
[5] 程丽华. 石油炼制工艺学. 北京：中国石化出版社，2005.
[6] 侯祥麟. 中国煤油技术：第 2 版. 北京：中国石化出版社，2001.
[7] 石油工业部北京设计院. 常减压蒸馏工艺技术. 北京：石油工业出版社，1982.
[8] 孙玉良，闵祥禄. 常减压蒸馏装置安全运行与管理. 北京：中国石化出版社，2006.
[9] 张锡鹏. 炼油工艺学. 北京：石油工业出版社，1990.
[10] 赵杰民等. 炼油工艺基础. 北京：石油工业出版社，1981.
[11] 张建芳，山红红. 炼油工艺基础知识. 北京：中国石化出版社，2000.
[12] 陆士庆. 炼油工艺学. 北京：中国石化出版社，1993.
[13] 李淑培. 石油加工工艺（中册）. 北京：中国石化出版社，1998.
[14] 李庆萍等. 催化裂化装置培训教程. 北京：化学工业出版社，2006.
[15] 陆庆云. 流化催化裂化. 北京：烃加工出版社，1989.
[16] 梁朝林，沈本贤. 延迟焦化. 北京：中国石化出版社，1993.
[17] 徐承恩. 催化重整与工程. 北京：中国石化出版社，2006.
[18] 李成栋. 催化重整装置操作指南. 北京：中国石化出版社，2001.
[19] 方向晨. 加氢裂化. 北京：中国石化出版社，2008.
[20] 方向晨. 加氢精制. 北京：中国石化出版社，2008.
[21] 韩崇仁. 加氢裂化工艺与过程. 北京：中国石化出版社，2001.
[22] 李大东. 加氢处理工艺与工程. 北京：中国石化出版社，2004.
[23] 侯祥麟等. 中国炼油技术. 北京：中国石化出版社，1991.
[24] 梁文杰. 石油化学. 东营：石油大学出版社，1995.
[25] 欧风. 石油产品应用技术. 北京：石油工业出版社，1983.
[26] 刘淑蕃. 石油非烃化学. 东营：石油大学出版社，1988.
[27] 蔡智等. 石油调和技术. 北京：中国石化出版社，2006.
[28] 杨兴锴，李杰，燃料油生产技术. 北京：化学工业出版社，2010.